人间良方

马方 著

中华工商联合出版社

图书在版编目（CIP）数据

人间良方 / 马方著. -- 北京：中华工商联合出版社，2023.12
　　ISBN 978-7-5158-3781-9

Ⅰ.①人… Ⅱ.①马… Ⅲ.①心理学－普及读物 Ⅳ.①B84-49

中国国家版本馆CIP数据核字(2023)第186815号

人间良方

著　　者：	马　方
出 品 人：	刘　刚
监　　制：	黄　利　万　夏
责任编辑：	吴建新
特约编辑：	马　松　谭希彤
营销支持：	曹莉丽
装帧设计：	紫图装帧
责任审读：	郭敬梅
责任印制：	陈德松
出版发行：	中华工商联合出版社有限责任公司
印　　刷：	艺堂印刷（天津）有限公司
版　　次：	2023年12月第1版
印　　次：	2023年12月第1次印刷
开　　本：	889mm×1194mm　1/32
字　　数：	150千字
书　　号：	ISBN 978-7-5158-3781-9
印　　张：	8.5
定　　价：	55.00元

服务热线：010—58301130—0（前台）
销售热线：010—58302977（网店部）
　　　　　010—58302166（门店部）
　　　　　010—58302837（馆配部、新媒体部）
　　　　　010—58302813（团购部）
地址邮编：北京市西城区西环广场A座
　　　　　19—20层，100044
http://www.chgslcbs.cn
投稿热线：010—58302907（总编室）
投稿邮箱：1621239583@qq.com

工商联版图书
版权所有　侵权必究

凡本社图书出现印装质量问题，请与印务部联系。
联系电话：010—58302915

序 言
PREFACE

少年不识马方说，等识马方不少年

给自己的书写序，主要是想说说这本书的缘起和我的一些心得。

这本书收录的是我和我的小徒弟程涵姝（网名橙橙）拍摄短视频的对话文案。当时拍短视频，借鉴苏格拉底对话的模式。

为了增强对话的可看性，我加强了对人设的定位，给程涵姝定位"傻白甜"，这正好也契合她的身份，她是一个实习生，还没有经历职场和社会的磨练，比较单纯。我给自己则定位为"老江湖"，这样就形成了比较强烈的反差，产生一种戏剧化的效果。这个节目的对话短视频非常受欢迎，随着对话短视频的不断传播，"你的启发是什么"和"其实是这样的"这两句话一时间成为很多粉丝的口头禅。

和程涵姝拍对话短视频纯粹是意外之举，只因安排的演员迟到，超过了我等待的限度，而设备都架好了，我不想浪费工作人员的时间，就这样阴差阳错，让我的对话构想得到非常好的展现。

这让我非常感慨，很多事情在做之前可能只是一个想法，其实根本就不知道具体怎么做，但是只要开始去做，灵感就会降临。在我有拍对话视频的打算时，我其实也不知道到底怎么做才好，也不知道该找什么样的人和我搭戏。现在回过头来再看这段经历，一切都恰到好处，这也正应了我一直说的那句话："做，就好了。"

无论是我的直播还是我们的对话，都是我认知范围之内的思考，所以有局限，有瑕疵，甚至有错误，我把对话文案结集成书，目的不是为了让你们记住我的结论和观点，而是为了让你们学会思考的方式。

因为对话不是纯理论的说教，而是植入了场景，有故事情节，有问题导入，所以就可以引导观看者自我启发，获得知识，也相对容易理解。看视频学习，接受得快，忘记得也快，而阅读文字就不一样，虽然没有看视频带来的视觉冲击力那么明显，但是可以让人静下心来慢慢品味和思考。

我一直都在强调，我的结论、答案是什么不重要，我看问题的角度、维度和分析问题的逻辑才重要，我把自己的对话文案结集成书，是希望能够促进你们学会思考，学会分析问题，学会找对问题，自己会找答案，自己会找解决问题的办法，而不是要我给出答案和解决问题的方法。

如果我们在孩提时代只是做了一些知识的记忆，没有人教我们怎么思考，那么我们成年以后就要自己去补上如何思考这门课程。如果我的这些文字能够启发你，在你补课时能帮你一把，那就是我最大的快乐。

希望我们都不要荒废青春，希望借着这本书，能让我们在思考的世界中相识、相知，寻找到各自的精神家园。

有一位粉丝说"少年不识马方说，等识马方不少年"，其实，思考不分年龄。

学会思考，让我们的人生少一些遗憾。

马方

2023年6月22日

编者注：一个人真正的成长和跃迁，是认知层面的成长和提升，本书通过泰山管理学院马方院长和徒弟橙橙对话200个辛辣话题，不仅打破人们心中固有的一些错误认知，更帮人们构建更深刻的认知和底层逻辑，让人们不做乌合之众。在人性三观、自我成长、人际交往、职场管理、亲密关系、子女教育等方面给人们指引，专治各种焦虑、迷茫、看不清方向、找不到出路。

目 录
CONTENTS

CHAPTER 1 独处的质量，几乎就是人生的质量

- 01 要谦卑，因为肉体生于尘土；要高贵，因为灵魂源自星辰 / 002
- 02 不要在低层次上形成闭环 / 003
- 03 为什么人们喜欢随波逐流？ / 004
- 04 为什么越优秀的人越孤独？ / 005
- 05 有完美、理性又没有缺点的人吗？ / 006
- 06 永远不要去考验别人 / 007
- 07 世上明白的人多，还是不明白的人多？ / 007
- 08 穷人有尊严，富人守规矩 / 008
- 09 成长的路上，如果没有人同行，你就索性一个人看风景 / 010
- 10 你不能替别人保守秘密，也就不要指望别人给你保守秘密 / 011
- 11 你必须让自己成为鸵鸟，才能赢得鸡的尊重 / 012
- 12 人生的意义不是拥有了什么，而是被需要 / 013
- 13 命，是父母给的；运，是自己努力的结果 / 015

14	你自信了,就不怕别人的议论	/ 016
15	我从没有见过一个早起勤奋、严谨诚实的人抱怨命运不好	/ 017
16	永远不要和蠢人争论,因为旁观者可能分不清谁是蠢人	/ 018
17	山下的人骂了山上的人,山上的人会搭理山下的人吗?	/ 020
18	朋友的忙,不想帮可以不帮	/ 021
19	人们经常对不合口味的证据视而不见	/ 022
20	真正的强者从不显摆自己	/ 024
21	强者享受孤独,弱者忍受寂寞	/ 025
22	如果无数人死在通往星辰大海的路上,那么星辰大海将毫无意义	/ 027
23	你的认知真的是你的认知吗?你知道的都是别人想让你知道的	/ 028
24	社会的底线:对弱者的保护,对弱者的态度	/ 030
25	越"没用"的东西,越有用	/ 031
26	你是乌合之众中的一员吗?	/ 032
27	如何提高认知能力?	/ 034
28	为什么太多的人消失在朋友圈中?	/ 035
29	不要妄想用高层次的认知启蒙低层次的人	/ 037
30	欲望不能满足便痛苦,满足了便无聊,人生就在痛苦和无聊之间摇摆	/ 038
31	为什么要多讲规则?	/ 040
32	如何提升认知?	/ 041
33	该如何面对不同观点?	/ 043

- **34** 明哲保身不好吗？ / 045
- **35** 喜欢扎堆好吗？ / 046
- **36** 人生最大的幸福感是拥有一个自由的灵魂 / 048
- **37** 比阶层固化更可怕的，是"认知"固化 / 049

2 CHAPTER
给自己的人生赋予意义

- **38** 明确了三观，你才知道自己在哪里，要往哪里去 / 052
- **39** 名和利都不重要，能力才是最重要的 / 053
- **40** 对公司可以不忠，但要做到诚实 / 054
- **41** 道德可以用来约束自己，却不能绑架他人 / 055
- **42** 知识层次高的人就一定道德高尚吗？ / 056
- **43** 已经看过了外面的大千世界，
  依然对身边的小花小草抱有慈悲之心 / 057
- **44** 为什么抑郁的都是聪明人？ / 059
- **45** 善良不是一种性格，而是一种选择、一种智慧 / 060
- **46** 如果人生没有意义，你可以给自己的人生赋予意义 / 061
- **47** 多讲公德，少讲私德 / 062
- **48** 一见钟情看五官，久处不厌看三观 / 063

CHAPTER

3 所谓正义，就是让一个人获得他应得的东西

49 迟到的正义还是正义吗？/ 066

50 施恩莫望报，不要用道德绑架别人 / 067

51 不要遗憾过去，也不要焦虑未来 / 068

52 越低调的人越拥有真正的深度和高度 / 069

53 所谓正义，就是让一个人获得他应得的东西 / 070

54 蠢货和疯子都自信满满，而智者经常自我怀疑 / 071

55 人生发展有捷径吗？不要用体力的勤奋替代大脑的懒惰 / 072

56 工作和生活如何平衡？人生不是追求完美 / 073

57 清华毕业做保姆是不是浪费？/ 074

58 平庸的幸福：你所谓的岁月静好，可能只是虚假的无知 / 076

59 为什么要有独立的人格？/ 077

60 什么才是实用的东西？站在未来看现在 / 078

61 先让自己活着，然后给自己的灵魂找一个家 / 079

62 无知要比博学更容易产生自信 / 081

63 为什么朋友圈晒吃喝的多，晒思想的少？/ 082

64 我们苟且一生是否能过上自己想要的生活？/ 083

65 你幸福吗？/ 084

66 永远要敬畏生命 / 085

67　不贪婪是一种克制，不妄言是一种自律 / 086

68　远离平庸之恶 / 087

69　你的领导是怎样管你的？ / 088

70　年轻时最重要的不是让自己有钱，而是让自己值钱 / 089

71　老板不搭理我，就是不喜欢我吗？ / 090

72　招聘看重学历，但自己学历低怎么办？ / 091

73　给自己设限，给他人设限，是对发展最大的阻碍 / 092

4 CHAPTER
感谢那些折磨你的人

74　有了能力才有钱，而不是有了钱才有未来 / 096

75　如何应对未来的不确定？唯有行动 / 097

76　像小孩儿一样对任何陌生事物都保持一种好奇心 / 098

77　优秀的人不会因为你不优秀而看不起你，
而是因为你虚伪偷懒才看不起你 / 099

78　做事急功近利怎么办？还是倒霉的少 / 100

79　你有什么样的价值观，就有什么样的未来 / 101

80　太多的人是在把欲望当理想，把圆滑当成熟 / 102

81　学会说"不"的背后，说明我们有了独立的人格 / 103

82　等你内心强大了，就不再害怕孤独了 / 104

83	生命中曾经拥有过的所有灿烂，终究都需要用寂寞来偿还	/ 105
84	爱着急与人的能力和阅历有关	/ 106
85	当你动机不纯的时候，会有好的结果吗？	/ 107
86	人有一个通病，就是你越没有什么就越在乎什么	/ 108
87	要么庸俗，要么孤独	/ 109
88	人最怕的就是到了一定的高度，小富即安，天天混吃混喝	/ 110
89	感谢那些折磨你的人	/ 111
90	创新最好的起步方式就是模仿	/ 112
91	谁都给不了你安全感，唯有能力才能给你安全感	/ 113
92	只有你的工作不能被替代，你才会有安全感，才会有高收入	/ 114
93	在人生路上我们并不是没有机会，只是没有准备	/ 115
94	时间是公平的，不会辜负你每一份努力	/ 117
95	世上存在着不能流泪的悲哀	/ 118
96	一个人的强大从学会拒绝开始	/ 119
97	猪八戒会自卑吗？	/ 120
98	不要轻易依赖别人，它会成为你的习惯	/ 121
99	做一个有原则的好人	/ 122
100	悲观是一种远见：警觉的动物才会长命	/ 123
101	不要在该奋斗的年龄选择安逸	/ 124
102	合群是一种能力，不合群是一种智慧	/ 125
103	你能走多远，要看和谁在一起	/ 127
104	及时行乐一时爽，但一直行乐悔恨长	/ 128
105	人这辈子最愚蠢的事就是"太在乎"别人	/ 129

106	一个人的幸福感根植于自身内心的评价体系， 而非来自外界的荣誉和赞美 / 130	
107	一个人要想成功，三分运气，六分能耐，一分靠贵人扶持 / 132	
108	十分冷淡存知己，一曲微茫度此生 / 134	
109	我们所有的努力不是为了人生的完美，只是为了不留下遗憾 / 135	
110	该走的路必须走，不想做的事必须做 / 136	
111	你每天的工作是在消耗你的生命，还是在给你赋能？ / 138	
112	学历只是敲门砖 / 139	
113	优秀的人都能抗折腾、抗造 / 141	

CHAPTER 5　人生就是选择，选择了就要坚守

114	想跳槽怎么办？先让自己值钱 / 144	
115	如何向上管理？取得领导的信任和支持 / 145	
116	不愿受委屈怎么办？胸怀是屈辱撑起来的 / 146	
117	老板压榨我们怎么办？ / 147	
118	那些折磨你的人和事本身没有意义， 真正有意义的是你的反思和行动 / 148	
119	要成为树林里的一棵树，不要成为草原上的一棵树 / 150	
120	在工作中多数犯错误的原因就是没有标准和流程 / 151	

121 不喜欢自己的工作怎么办？ / 152

122 小善似大恶，大善似无情 / 152

123 能听别人的，才能证明你自信 / 153

124 你必须相信老板 / 154

125 如何提高管理能力？ / 156

126 不要有打工心态 / 157

127 现在创业还行吗？ / 158

128 捍卫面子就是在捍卫自卑 / 159

129 感谢那些曾经折腾你的领导 / 160

130 网上怎么有那么多"喷子"？ / 162

131 如何制定明年的目标？ / 163

132 公司的利润越来越薄怎么办？ / 165

CHAPTER

6 自己优秀了、灿烂了，蝴蝶自然来

133 自己优秀了、灿烂了，蝴蝶自然来 / 168

134 想实现一加一大于二的效果，就要学会欣赏和包容 / 169

135 能力才能给你真正的安全感 / 170

136 独处很好，但正常的社交也要有 / 171

137	闲谈休论人长短，背后莫道人是非	/ 172
138	把重点放在老实做人、本分做事上	/ 173
139	部门之间扯皮怎么办？	/ 174
140	有人总在背后说我坏话怎么办？	/ 175
141	和优秀的人同行	/ 176
142	前老板也可能成为你生命中的贵人	/ 177

CHAPTER 7 人生最好的防守就是进攻

143	想赚钱，先把事做好	/ 180
144	人生没有一劳永逸，人生永远是不进则退	/ 181
145	做事优柔寡断怎么办？	/ 182
146	被对手模仿怎么办？心无杂念地去创新，让自己跑得更快	/ 183
147	思维的懒惰和行为上的不作为，才是导致贫穷的根本原因	/ 184
148	只要走的方向正确，怎样都比站在原地更接近幸福	/ 185
149	看重未来的人才会有未来	/ 186
150	当你不再讨好别人时，别人才会更喜欢你、相信你	/ 187
151	没有内容时，内容比形式重要；有了内容后，形式比内容重要	/ 188
152	最重要、最艰难的工作从来不是找到对的答案，而是提出正确的问题	/ 189

153	人性最大的恶，就是消耗别人的善良	/ 190
154	新官上任轻易不要烧三把火	/ 191
155	越想赚快钱的人越赚不到快钱	/ 193
156	厉害的人如何分析问题？	/ 195

CHAPTER

8 让钱为你而活，还是你为钱而活？

157	借钱不要指望着还	/ 198
158	可以用碎片化的时间学习吗？	/ 199
159	只有你想得到别人的尊重，而又没有其他办法时，漂亮的衣服才能派上用场	/ 200
160	如果你没有事业，再美的风景也不是你的	/ 201
161	选合伙人和选男朋友的标准：合得来，愿意给你花钱，专一	/ 202
162	创业的本质不是你想当老板，而是你为社会解决什么问题	/ 203
163	创业怎么选项目？人无我有，人有我不同	/ 205
164	只有额头流汗，靠自己努力赚来的钱才是真正的利润	/ 206
165	公司内斗怎么办？	/ 207
166	什么是鸡汤文、成功学、励志书？	/ 208
167	你是网络中的明白人，还是笨蛋？	/ 211

CHAPTER 9 可以不恋爱只赚钱吗?

168 为什么结婚的人越来越少了? / 214

169 唯有能力能给自己带来未来、带来安全 / 215

170 为什么放假回家总跟父母吵架? / 216

171 如何经营婚姻?相互成就对方 / 217

172 养儿防老不对吗? / 218

173 被要求孝顺怎么办? / 219

174 我被甩了怎么办? / 220

175 该找什么样的男朋友? / 221

176 结婚可以要很多彩礼嫁妆吗? / 222

177 什么样的人要彩礼? / 223

178 爱和别人吵架怎么办? / 224

179 可以做全职太太吗? / 225

180 为什么有些女人总是遇上"渣男"? / 226

181 宁可孤独也不违心,宁可抱憾也不将就 / 227

182 如何找对象? / 228

183 可以不恋爱只赚钱吗? / 230

184 可以"吃软饭"吗? / 231

185 父母太强势了怎么办? / 233

186 美貌是资本吗? / 234

10 CHAPTER
父母是孩子最好的老师

- **187** 养孩子的目的是什么？ / 238
- **188** 孩子不喜欢学习怎么办？ / 239
- **189** 没时间陪孩子怎么办？比陪伴更重要的是榜样 / 239
- **190** 该怎么看待孩子跳楼？ / 240
- **191** 教育的本质是什么？
  让孩子学会做人、学会思考，有独立的人格 / 241
- **192** 孩子该不该听父母的话？ / 242
- **193** 怎么管理孩子的压岁钱？ / 243
- **194** 孩子总玩手机怎么办？ / 244
- **195** 孩子不听话怎么办？ / 245
- **196** 不能输在起跑线上，对吗？ / 246
- **197** 究竟什么是教育？ / 247
- **198** 考不上大学怎么办？ / 248
- **199** 为什么父母是孩子最好的老师？ / 249
- **200** 你的孩子其实不是你的孩子 / 250

1
CHAPTER

独处的质量，
几乎就是人生的质量

01
要谦卑,因为肉体生于尘土;
要高贵,因为灵魂源自星辰

橙: 马院长,人死后有灵魂吗?

马: 有些人活着有灵魂吗?

橙: 有些人唯利是图,看来是没有灵魂的。

马: 其实是这样的。现在有些人的信仰就是金钱,有些人追求的成功就是有钱,有些人最大的快乐就是比别人有钱。他们眼中没有是非、善恶、尊严、公理、逻辑,只要能挣到钱,怎么都可以。他们自以为是、世故、圆滑、默不作声、蝇营狗苟、心性冷漠,除了权衡利益,就是权衡得失。他们在物质的追求上攀附权贵,而在精神领域却鄙视思想,依附恶俗,早就是没有灵魂的躯壳了,本该是社会脊梁的部分知识分子却纷纷选择"明哲保身,隔岸观火"。

就像雨果所说:"这世界的荒谬就在于,那些出卖灵魂的一般都很瞧不上出卖肉体的。"

尽管如此,我还是想说,难得为人一次,还是不要丢掉自己的灵魂。每个人都有追求自己幸福的权利,但是在出卖灵魂的那一刻起,就再也进不了天堂了。

有一句话说得很好,<u>要谦卑,因为肉体生于尘土;要高贵,因为灵魂源自星辰</u>。

02
不要在低层次上形成闭环

橙： 马院长，怎么总会有一些生活穷困的人？

马： 给你两种选择，其一是一万元钱，其二是赚钱的方法，你会选哪个？

橙： 一万元钱。

马： 其实是这样的。有些生活穷困的人有一个特点，就是只关注眼前的利益，也就是短期的行为。至于未来只是说说、想想而已，一旦和眼前利益产生冲突，马上就会放弃。

还有一个就是，安于现状、不思进取、不愿意艰苦奋斗而陷入生活困境的人，有时也会以某种群体的形式出现，比如家庭、亲属、朋友，他们之间的思维模式相互影响，相互强化、固化，要想改变他们确实是很难的一件事情。这是思维"贫穷"的结果，如果思维不改变，无论做什么都依然很难摆脱生活困境。人最大的悲哀就是一旦在低层次上形成了逻辑闭环，就始终看不到逻辑闭环之外的逻辑，也就更不愿意重新构建更大的认知边界。

03
为什么人们喜欢随波逐流？

橙： 马院长，为什么人们都喜欢随大流？

马： 如果大家都随波逐流时，你不参与，你的代价是什么？

橙： 被孤立。

马： 大家都随波逐流，他们认为自己是在随波逐流吗？

橙： 不会。

马： 如果你不参与，他们会怎么看你，你会怎么看自己？长此以往的结果通常是什么？

橙： 他们会认为我标新立异、不合群，长期下去会孤立我。

马： 其实是这样的。人性中有一个很大的弱点，那就是当大家都在随波逐流时，往往会对不妥协者极度地反感和极度地看不顺眼，会认为那个人反倒不正常或有其他不可告人的目的。

而作为不妥协者来说，怀疑一种东西，要比相信一种东西难得多。因为怀疑需要更多的智慧、勇气、胆识和独立人格、独立思考。而这些，多数人是难以具备的。这也就是为什么那么多人，包括很多所谓有身份的人，容易轻信、盲从、随波逐流了。

有书中说：人一到群体中，智商就会严重降低。为了获得认同，个体愿意抛弃是非观念，用智商去换取那份让人备感安全的归属感。

04
为什么越优秀的人越孤独？

橙：马院长，为什么越优秀的人越孤独？

马：山顶上的人多，还是在山下的人多？为什么？

橙：山下的人多，爬到山顶太难太累了。

马：他们谁更懂谁？为什么？

橙：山上的人更懂山下的人，因为山上的人是从山下爬上来的。

马：他们会认为谁是正确的？

橙：都会认为自己是正确的。

马：山顶人多还是山下人多？

橙：山下的人多。

马：结果呢？

橙：结果多数人认为山下的人是对的，山上的人是错的。

马：你的启发是什么？

橙：因为优秀的人少，所以孤独。

马：当你的认知、见识和思想超过身边绝大多数人的时候，你很可能就变成了一个不受欢迎的人。不是因为你不懂他们，而是他们不懂你，所以一个有思想的人，通常是这个社会的清醒者。他们不是没有与社会交往的能力，而是没有了逢场作戏的兴趣。另外，追求物欲的人只要吃饱喝好便会满足，而追求灵魂的人总是渴求着一种高远的东西，一种犹如星辰的东西：它可以是高傲的、狂放不羁的，也可能是卑微的、孤独的……

05
有完美、理性又没有缺点的人吗？

马： 有完美、理性又没有缺点的人吗？

橙： 应该没有。

马： 在极大的诱惑面前，而又没有风险的情况下，大部分人能抵抗住诱惑吗？

橙： 大概抵抗不住。

马： 没有那样的人，谁来设计完美的社会呢？没有那样的人，谁来管理社会呢？只能依靠集体的力量，没有完美的个人，只有完美的团队。

历史上，由于认知的局限性，有些人为了追求所谓的美好理想不择手段，打着理想的名义作恶，违背了最基本的社会常识，理想成了他们实行罪恶的挡箭牌，进而造成许多人类悲剧。弗里德曼曾说过："通向地狱的路上铺满着善意。"真正好的社会，不是一开始就是理想的完美的社会，而是一个有缺陷的、可以不断改进的，彼此尊重、愿意妥协、求同存异的社会。

哈耶克也说过："人类及其社会，是演化的产物，绝非人类理性设计的产物；妄图构建人间天堂的一切努力，都是理性的自负，终将带来匮乏、奴役和灾难。"所以没有天堂，我要做的是，用积极的善意、积极的努力，构建积极的社会，同时要远离负能量。

06
永远不要去考验别人

橙：马院长，为什么不要去考验别人？

马：人性能经得起考验吗？你会让闺蜜去考验你男友的忠诚吗？

橙：那不会。

马：一个聪明的女人，不会试图去证明自己的男人坐怀不乱，而是要让男人习惯于拒绝除自己以外的女人的诱惑；一个聪明的人，不会让朋友在自己和利益中做选择，而是尽可能创造彼此共同的利益；只有愚蠢的人，才去考验别人的人性，然后两败俱伤。

07
世上明白的人多，
还是不明白的人多？

橙：马院长，为什么感觉大家都喜欢跟风啊？

马：世上明白的人多，还是不明白的人多？

橙：不明白的人多。

马：不明白的人愿意自己思考，还是愿意听别人说？

橙：他都搞不明白，怎么会愿意思考啊？

马：不明白的人更愿意相信事实，还是感觉？

橙：相信感觉。

马：不明白的人有胆量和别人观点不一样吗？为什么？

橙：没有，因为怕别人不搭理他，怕没朋友啊。

马：对有些人来说，思考是很难的，他们没有能力去判断和分析事实，但是有时候幻觉、不真实的东西又比真实的东西包含更多的道理，而且还符合他们的一贯认知。特别是现在，"集体不思考""集体不学习""集体不负责"的表现尤为突出。大多数人喜欢盲从、随众，从不独立思考，数量决定事实，偏执大于真理，这就是"羊群效应"，即便领头羊去的是屠宰场，也会尾随前行。

08
穷人有尊严，富人守规矩

橙：马院长，理想的社会是什么样的呢？

马：一个真正文明的社会，就是让穷人有尊严。穷人有尊严到什么程度呢？就是你富人再怎么有钱，他一点都不眼红，也不嫉妒，他认为这是你该有的。

然后是富人守规矩。富人怎么守规矩呢？比如维护社会的公平正义，你可以享受你劳动带来的该享有的果实，但你要守规矩，别飞扬跋扈的。然后你再做一些有良心的事儿，比如让很多穷人因为你变得更有尊严，他们才会尊重你。我希望未来的社会是这样的，就是富人守规矩，然后穷人有尊严，有安全感，内心安静平和。说白了就是人人都可以有学上，看病有钱花，养老有钱花，这是最基本的。

橙： 那是否有尊严和什么有关？

马： 我认为一个人社会层次的高低、是否值得尊重和金钱无关，和权力无关，唯一有关的就是我们骨子里的温柔和善良，仅此而已。所以，我们处在奋斗期的，还在底层打拼的各位同学，一定要把这个关系搞清。人家有钱是人家的事儿，人家有权也是人家的事儿，和我们一毛钱关系都没有。这些拥有财富和权力的人是不是值得我们尊重，那要看他们是否对社会有贡献。

真正对社会有贡献是什么？就是要么给社会创造更多的就业机会，要么维护了社会的公平正义，让这个社会变得更干净、更有良心。善良可不是简单地你感觉某个人很善良，或者自己很善良。

我们理解的善良往往不是真善良，我们有时候会把懦弱和吃苦耐劳当成善良。比如说我们会把为了生存的奔波当作勤奋。比如你在为了生存打拼的时候，你会发现自己比别人勤奋，又没有伤害过人，认为这就叫善良。其实，这不叫善良，或者说不够善良，我们需要看透本质。很多人在打拼阶段的勤奋，那不叫吃苦，那是年轻时候奋斗最基本的经历，是人生必须的经历。

真正的善良，是真正给社会做贡献，是你让这个社会因你变得更美好，这可以界定为善良。当你衣食无忧的时候，还在勤奋工作，那叫勤奋；当你为生计奔波的时候，你在勤奋工作，那只叫为了生存，那是动物的本能。狮子和老虎捕猎，它不叫奋斗，也不叫勤奋，那叫本能。所以，我们把很多事儿看明白，不要给自己贴太多道德的标签，不用活得那么累，可以坦然、轻松一些，去体验人生的各种可能性。

09
成长的路上，如果没有人同行，你就索性一个人看风景

橙： 马院长，我很孤独怎么办？

马： 你怎么孤独？

橙： 没有朋友啊。

马： 为什么没有朋友？

橙： 我不知道。

马： 你平时都怎么安排自己的时间？

橙： 工作，读书，瞎溜达。

马： 这样感觉好吗？

橙： 挺好的。

马： 你这不叫孤独，叫享受独处。

橙： 啊？

马：什么样的动物喜欢扎堆？

橙：蚂蚁、小狗、小猫、小兔子。

马：什么样的动物喜欢独行？

橙：老虎喜欢独行。

马：你的启发是什么？

橙：强大的人往往都是孤独的。

马：看来你很强大。

橙：哈哈哈……

马：其实就是一句话，成长的路上，如果没有人同行，你就索性一个人看风景。

10
你不能替别人保守秘密，也就不要指望别人给你保守秘密

橙：马院长，别人八卦，我也可以八卦吗？

马：你八卦了别人，别人也会八卦你吧？

橙：也会吧。

马：那你的启发是什么？

橙：那我以后不八卦了，省得别人也在背后说我。

马：其实是这样的。你不能替别人保守秘密，也就不要指望别人给你保守秘密。你八卦别人，别人也一定会八卦你。通常什

么样的人喜欢在一起八卦?

橙：闲得没事干的人，不干正事的人。

马：你想成为那样的人吗?

橙：我可不想。

马：职场就是职场，职场只有同事，没有朋友。特别是像你这样的职场小白要更加谨慎、自律，少说多做，远离是非之人，远离小人。

11
你必须让自己成为鸵鸟，才能赢得鸡的尊重

橙：马院长，别人嫉妒我怎么办?

马：怎么嫉妒你了?

橙：可能是因为我是个小网红吧，我的同学讽刺挖苦我，还不和我玩。

马：比尔·盖茨的同学会嫉妒比尔·盖茨吗?

橙：不嫉妒，应该会觉得很骄傲吧。

马：那你的启发是什么?

橙：看来我还是不够优秀，和我同学还在同一起跑线上。

马：其实是这样的。当你和你的同学在一起，你稍微表现得优秀一些，就会给他们带来竞争的压力，所以他们嫉妒你是很正

常的。你剩下的任务就是要不停地成长，千万不要指望在鸡群里成为火鸡就能赢得鸡的尊重。你必须不停地成长，成为鸵鸟才能赢得鸡的尊重。人生路上如果没有人陪你走，你索性就一个人走好了。你虽然现在有了点成绩，但做人还是要有同理心，千万不可骄傲和自满。在和别人相处的时候，一定要考虑别人的感受。

12
人生的意义不是拥有了什么，而是被需要

橙： 马院长，人生的意义是什么？活着到底是为了什么呀？我有时候感觉活着真没意思。

马： 你上高中的时候最想要什么？

橙： 考个好大学。

马： 等你上了大学之后，你什么感觉？

橙： 一下子失去了方向，感觉又迷惘又无聊。

马： 那你的启发是什么？

橙： 当一直追求的东西得到了之后，就会陷入迷惘，会很痛苦。

马： 当你追求的东西得不到的时候呢？

橙： 得不到的时候也很痛苦，就很想得到。

马： 其实是这样的。我们把人生理解为我们想拥有什么，如对名、

利、情的拥有。其实就如叔本华所说：欲望不满足便痛苦，满足便无聊，人生就是在痛苦和无聊之间摇摆。

从某个角度说，人生很没有意义。但是我们可以重新定义人生的意义，让我们的人生由自己来做主，由我们自己来主宰。如果你不把人生理解为你想拥有什么，也就是对于欲望的追求，对于物质层面的追求，而是理解为被需要，也就是热爱自己所做的事，也就是如何去做事，如何为他人做贡献，其实也就是精神层面的追求。这样想，你看有没有变化？

橙：好有鼓动性，都把我说哭了。

马：淡定淡定，如果你能像乔布斯一样改变世界，你觉得你的人生有意义吗？

橙：有。但是我没他那么有本事啊。

马：如果你能像一个医生一样挽救了很多人的生命，你觉得你的人生有意义吗？

橙：有。

马：如果你能开一个山东省最好的面馆，天天有人排队吃面，你觉得你的人生有意义吗？

橙：有。

马：那你的启发是什么？

橙：我要像你一样做个老师，帮助更多人成长。

马：那就好好去努力吧。

13
命，是父母给的；
运，是自己努力的结果

橙： 马院长，人这辈子该信命吗？

马： 你信什么命了？

橙： 别人是"富二代"啊，我奋斗一辈子都赶不上他们。奋斗也太累了，那我就不奋斗了。

马： 如果"富二代"的父亲和你一样也信命了，不奋斗了，还会有"富二代"吗？

橙： 那就没有了，我们就都是穷光蛋。

马： 那你希望你的孩子生活得好一些，还是继续当穷光蛋呢？

橙： 我想让他生活得好一些。

马： 那你的启发是什么？

橙： 不能总和别人攀比，只要我好好奋斗，也能让自己的孩子过上比较富足的日子。

马： 其实是这样的。命，是父母给的；运，是自己努力的结果。生老病死这是命，自古天命不可违，但对幸福和美好的追求，是可以靠我们后天努力来争取的，所以命运是可以由我们自己来掌控的。人生本来就没有完美，人生其实是因为残缺、遗憾而完整。我们要尝试接受自己的不完美，从不完美中学到点什么，让自己成长，弥补缺憾，完善人生经历，让人生趋于完美，唯一的途径就是多做事多经历。

14
你自信了，就不怕别人的议论

橙： 马院长，直播的时候有人叫你"渣男"，你怎么不生气啊？

马： 如果我是一个普通路人，还有人叫我"渣男"吗？

橙： 那谁搭理你啊。

马： 骂特朗普的人多，还是骂我的人多？

橙： 骂他的多。

马： 他优秀，还是我优秀呢？

橙： 当然是他了。

马： 他生气了吗？

橙： 没有。

马： 他都不生气，我还有资格生气吗？

橙： 没有。

马： 那你的启发是什么？

橙： 看来越优秀的人是非越多呀。

马： 其实是这样的。成长就要承受别人的非议，成长就要忍受孤独。你自信了就不怕别人的议论。我们的目标是前方，不要被眼前的杂草阻挡，也不能为了沿途的风景而忘了赶路。总之，别人议论是别人的自由。我们要做的是不要让别人的议论影响我们的行为，更不能影响我们前行。

15
我从没有见过一个早起勤奋、严谨诚实的人抱怨命运不好

橙： 马院长，我不自律怎么办？

马： 你怎么不自律了？

橙： 晚上不想睡觉，早上不想早起，不想去上班，光想玩儿。

马： 如果把你送到监狱里，你还会不自律吗？

橙： 不敢。

马： 如果把你送到部队里，你还会不自律吗？

橙： 不会。

马： 一个酒瘾很大的人，为了要孩子，他会戒酒吗？

橙： 会。

马： 一个烟瘾很大的人，为了要孩子，他会戒烟吗？

橙： 会。

马： 那你的启发是什么？

橙： 自律是因为认识到这件事的重要性。我光想玩是因为还没有把心思放在工作上，如果把我放在一个自律的环境里，我也会变得自律。

马： 其实是这样的。我们只要认识到事情的重要性，明确好目标，就会自律、去努力。只是有太多的人总认为重要的事情都不太着急，比如学习、健身，等等，以至于荒废了青春。艾森豪威尔说过，紧急的都不重要，重要的都不紧急。所以，当

我们认识到了事情的重要性就要去行动。

但如果我们确实不能做到自律,就要尝试找一个有制度约束的环境或氛围来塑造我们自律的人格。同时,最好还要尽可能地和优秀的人在一起,因为你能走多远要看和谁在一起。如果没有一个外在的自律的环境,那我们就要尝试给自己营造一个自律的环境,比如为了早起可以把闹钟定到6点,而且每隔10分钟响一次,一直响到你起床。这样慢慢训练自己。富兰克林曾经说过,<u>我从没有见过一个早起勤奋、严谨诚实的人抱怨命运不好</u>。自律是解决人生问题的重要工具,也是消除人生痛苦的重要手段。不自律会慢慢摧毁一个人的心智、外貌,甚至人生。人有时候不逼自己一把,永远不知道自己有多优秀。

16
永远不要和蠢人争论,因为旁观者可能分不清谁是蠢人

橙: 马院长,为什么活得越明白越痛苦?

马: 社会上明白人多还是少?

橙: 少。

马: 如果你是明白人,懂你的人多还是少?

橙: 少。

马：如果你是普通人呢？

橙：那懂我的人就多了。

马：如果很多人不能懂你，不同意你的观点的结果是什么？

橙：他们可能会觉得我有问题。

马：如果你要和他们争论呢？

橙：那就是秀才遇上兵，有理说不清。他们根本不按套路出牌，更会骂我是神经病。

马：如果你的家人和好朋友也不能理解你呢？

橙：那我就更孤独、更难受了。

马：你的启发是什么？

橙：原来活得明白的人往往不被人理解，所以很痛苦。

马：当你的见识、认知超过周围大多数人，也就是当你有独立的思考的时候，你往往就会变成一个"不受欢迎的、让人讨厌"的人，而且你还没法和他们争论，因为他们说的你都懂，但你说的他们却不懂，只是他们不会认为是自己错了，而是会认为你错了。马克·吐温曾说过：永远不要和蠢货争论，因为旁观者可能分不清谁是蠢货。还有就是有些人没有胆识和智慧独立思考并拥有独立人格，他们为了获得群体中的认同感，从而愿意降低智商，放弃思考，人云亦云。这种群体性愚昧，很容易在网上被个别别有用心的人或机构利用宏大的叙事、空洞的道德操纵、绑架，被精心利用，使一些原本正常的事件，在特殊的语境下被贴上污名化的标签，假借民意形成非常可怕的舆论力量，不顾事实和理性，与事实和文明为敌。所以，有独立人格的人，在人群中往往被视为异类而寸步难行。

17
山下的人骂了山上的人，
山上的人会搭理山下的人吗？

橙： 马院长，为什么越优秀的人越容易招骂呀？

马： 山上的人更懂山下的人，还是山下的人更懂山上的人？

橙： 山上的人更懂山下的人。

马： 为什么？

橙： 山上的人也是从山下爬上来的。

马： 山上和山下的人，谁更容易骂对方？

橙： 山下的人更容易骂山上的人。

马： 为什么要骂？

橙： 想证明自己比别人有本事呗。

马： 其实是这样的。他们通过谩骂指责，来掩盖自己内心的无知、脆弱、虚荣，以此来寻找自己所谓的存在感。越优秀的人，越低调；越没本事的人，越张狂。我再接着问你：山下的人骂了山上的人，山上的人会搭理山下的人吗？

橙： 不会，他们才听不见。

马： 那我要在山上听见了呢？

橙： 你才不理他们呢。

马： 那你的启发是什么？

橙： 骂别人是因为自己站的高度没有别人高。

马： 其实是这样的。我们面对陌生的东西，首先要包容和理解。

优秀的人通常会反思自己，有则改之，无则加勉。那些张嘴就骂的人，其实是在掩盖他的无知和自卑。因为他们总感觉自己不如别人，所以才要想办法通过那样浅薄的表现来证明自己。

18
朋友的忙，不想帮可以不帮

橙： 马院长，朋友的忙要不要帮？

马： 很多人都觉得是因为自己太善良了，所以朋友请帮忙从来不会拒绝，还会被朋友占便宜，事后很生气却不知道怎么处理。

其实这种人之所以不敢拒绝别人，事后又觉得自己很吃亏，背后是有原因的。第一点，这种人内心不自信，害怕失去别人。你必须知道是因为你内心害怕失去别人，你人格上没有独立，所以才不敢拒绝，这是最底层的问题。比如孩子小的时候，他必须得听父母的，因为他知道拒绝父母的代价非常大。等孩子慢慢长大了，你会发现他拒绝父母就很容易。

第二点，不要给自己贴好人标签，首先让自己做一个独立的人。为什么有些人容易被利用呢？有一句话说得很好：小善是大恶，大善似无情。比如有时候看似很小的善良，被别人利用了，做一些毫无意义的事。你本来可以省下来时间陪你的家人，或者做你的事业，但是你被朋友利用了。你要知道有些人是没有底线的,他本来可以花一两千块钱请一个保姆、临时工都能干的事,他让你去做,甚至请你干搬家之类的活。他就是拿你当临时工使,所以很多事你要把它看明白。

我给这些所谓"善良"的人两点建议。第一,建议你学会人格上独立,敢于拒绝别人做自己,做好自己,这是前提。然后千万别把自己装成一个"好人",是不是个"好人"不重要,首先是个独立的人才重要。不要先给自己贴标签,在朋友面前成为所谓的"好人"。你想成为"好人",别人却认为你好欺负。

19
人们经常对不合口味的证据视而不见

橙: 马院长,坏人为什么总被认为是好人?

马: 坏人会认为自己是坏人吗?

橙: 不会。

马: 坏人会告诉别人他是坏人吗?

橙: 不会。

马: 坏人通常都装成好人还是坏人?为什么?

橙: 好人。这样更容易获得人们的信任。

马: 人们喜欢听好听的话还是不好听的?

橙: 好听的。

马：好听的话中，真话多还是谎话多？

橙：谎话多，忠言逆耳、良药苦口。

马：人们有明辨是非的能力吗？

橙：有些情况下没有，有些人都是不明真相的"吃瓜群众"。

马：这样时间长了，大家都认为坏人是好人，还是坏人？

橙：好人。

马：坏人认为自己是好人，还是坏人？

橙：好人。

马：你的启发是什么？

橙：看来真的是黑白可以颠倒，好坏可以颠倒啊。

马：其实是这样的。有些人就活在自己幻想的世界中，有些人不得不通过欺骗自己来逃避生活中的痛苦，所以人们本能地宁愿相信谎言，也不愿意相信真相。正如托尔斯泰所说："我们每个人爱真理都胜于爱谎言，但当事关我们的生活时，我们却常常宁可信谎言，而不信真理。因为谎言可以为我们龌龊的生活辩解，而真理则揭穿这种生活。"

某本书中说过：人们经常对不合口味的证据视而不见。假如谬误对他们有诱惑力，他们更愿意崇拜谬误。谁向他们提供幻觉，谁就可以轻易地成为他们的主人；谁摧毁他们的幻觉，谁就会成为他们的牺牲品。

说真话就是让人面对不想面对的残酷现实，所以别人会不喜欢你，甚至恨你。另外，说真话会断了谎话者的财路，这些人也同样会恨你，总之就是出力不讨好，慢慢地，说真话的人也就不说话了。天使从不炫耀自己的善举，因为他永远觉得自己做得还不够；魔鬼四处卖弄自己的高尚，因为他要用谎言掩盖自己的罪恶。

一个社会最大的悲哀不是社会道德水平下滑，不是失去了道德底线，而是那些没有道德底线的人在给那些坚持道德底线的人上道德课！正如莫言所说："真正可怕的坏人是那些不知道自己坏，反而认为自己正确，认为自己是好人的人，他们没有良心，却挥舞着良心的大棒打人；他们没有道德，却始终占据着道德高地。"

20
真正的强者从不显摆自己

橙： 马院长，我可以显摆我自己吗？

马： 你为什么要显摆自己呢？

橙： 好玩。

马： 狮子、老虎需要显摆自己吗？

橙： 不需要。

马： 狐狸呢？

橙： 需要。

马： 你的启发是什么？

橙： 看来当我们不够强大的时候才会显摆自己，强者从不显摆自己。

马： 其实是这样的。越是认知强大、内心强大的人，就越不需要炫耀、虚伪，不会嫉妒、诋毁和攻击别人。因为他自身的实力就足够了，不会把心思放在没有意义和无用的人身上，从而浪费自己的时间、降低自己的价值，他们更多地是用良知、修养和实力来展现自己。

人很容易崇拜一个人看得见的才华，却不容易欣赏一个人的品德，因为品德是沉默内敛的，才华是外显张扬的。其实真正的品德是流淌在血液里的正直与善良，是刻在骨子里的尊严和骨气。

越是认知低的群体，越喜欢用吃好、玩好、穿好、用好等物质享受来体现自己的优越感和幸福感，这与动物的需求和欲望基本没有差异。他们还喜欢讲道德，道德虽然是个好东西，但他们忘了，总拿道德说事的人，不一定是个有道德的人。

橙： 为什么有的人热衷于吃喝玩乐？

马： 因为真正有价值的话题都很沉重，而大多数人并不具备面对沉重时深刻的反思能力，所以越肤浅越轻松。

21
强者享受孤独，弱者忍受寂寞

橙： 马院长，你老说别人是假孤独，那什么才是真正的孤独呢？

马： 你不想搭理别人和别人不想搭理你，有什么区别？

橙： 一个是孤独，一个是寂寞。

马：一个是你融入社会之后看淡红尘，退出社会独自生活；一个是你想融入社会而无力进去，进而自闭，独自生活，两者有什么不同？

橙：一个是主动的，一个是被迫的。

马：你的启发什么？

橙：看来孤独是爬到山顶上了，独自享受孤独；寂寞是爬到半山腰环顾四周甚至还只是在山脚下，没有人愿意搭理他。

马：其实是这样的。强者的孤独才是真正的孤独，强者的孤独是没有人懂他，那些把世界看得太透的人，注定是孤独的！因为他懂得越多，懂他的人就会越少！正所谓高处不胜寒。弱者的孤独其实是寂寞，弱者的孤独是成长的路上没有人理他，对弱者来说，解决寂寞最好的方法就是孤独，就是尽快爬到山顶。对"自闭"者来说，排除自闭症患者，解决"自闭"最好的方法就是自信，积极地融入社会，不要号称是在享受孤独，为自己的不作为找借口，你距离孤独的时候还早呢，起码先爬到山腰再说。

真正的孤独是不依靠任何东西而靠自身的强大，获得的一种真正的自由，一个人若没有几根硬骨头，是支撑不起这种高贵的自由的。只有极少数喜欢追根究底的人，通过阅读和思考，忍受着极大的痛苦，给自己的思想做了大手术，具备了独立思考的能力，才可以达到这种境界。他可能会成为多数人眼中的异类，其实他才是一个时代的清醒者，这是人类的悲哀。

橙：好深奥哦，不知道我这辈子还有没有希望享受那种孤独。

22
如果无数人死在通往星辰大海的路上，那么星辰大海将毫无意义

橙： 马院长，人应该怎样掌握自己人生的主动权？

马： 人是目的，而不是工具。人是目的，就是说人是我们所做的事的目的，不是我们为了实现某件事的工具，不是为实现某件事的牺牲品。人是所有事物的终极目的，而不是实现所谓理想口号的工具。

橙： 我还是第一次听到这个说法。

马： "人是目的"是康德提出来的。他的原话为："人，是目的本身。"康德又做了一句解释，就是在任何时候，任何人，甚至上帝都不能把他人当作工具来加以利用。

我的理解是任何行为、任何口号都应该敬畏个体生命，多关注个体，少扯一些宏大的叙事。

橙： 那要怎么关注个体？

马： 我们普通人不要总讲宏大的东西，多关注渺小的东西，就是把关注点拉回到我们个体身上。比如，不管你家想盖多好的房子、买多好的车，不管你家有多大的理想和目标，在你家孩子上学面前，在孩子的身体健康面前，这些都不值得一提。你会发现，即便是你们家挣了很多的钱，买了很好的房子，一旦你的家人生病了，生命受到威胁的时候，这些都不值得一提，都要为了你家人的生命让路。这就是关注个体，一个

家庭所有的目的都应该放在人身上，一个家庭所有的东西都是我们追求幸福的工具。就这么简单，把家换成一个村、一个镇、一座城市、一个国家，也是一样的道理。

希腊哲学家普格泰格拉说过：人是万物的尺度，也是最终的目的，我们所有的科技、思想、文化、公共管理服务，所有的文明都服务于人。最终目的是让人变得更好，除了人之外，一切皆为手段。

23 你的认知真的是你的认知吗？ 你知道的都是别人想让你知道的

橙： 马院长，我们的认知真的都是我们自己的认知吗？

马： 你有没有发现一个现象，就是你对很多问题的认知是你身边人的平均认知，而且你有没有发现另外一个现象，你的收入也是你身边人的平均收入。

先不谈收入，谈认知。如果你的认知是你身边人的平均认知，那么我问你一句话，你的认知是你自己真正的认知，还是别人给你的认知？从这个角度讲，我们90%的人没有自己的认知，都是别人给你的认知。而且越不喜欢思考的人越喜欢用自己不愿意思考的认知去强迫别人，绑架别人。越不喜欢思考的人越容易和身边人的认知一致，因为他如果和身边的人认知不一致，他就认为自己是异类、是叛徒，他就进不到这个圈子里，就会被这个圈子排斥。这种人没有独立的人格，会被别人利用，被别人随意摆弄，然后自己很受伤又很无奈。所以，你知道的都是你想知道的，和事实无关；你知道的，也都是别人想让你知道的，和事实无关。事实是什么？我也不知道，但是我想告诉你，你知道的不是事实，我知道的也不是事实。苏格拉底说过一句话：我唯一知道的就是我什么都不知道。但是你会发现，很多人唯一知道的是他知道很多。当你认为你什么都不知道的时候，人生就开始变得有意思了。很多不爱思考的人还有一个特点，就是他对很多问题的认知是一个维度的，就是他的思考只有一个方向，你的认知如果和他的认知不一样，他就会认为你在否定他、瞧不起他，他就会跟你翻脸，甚至和你打起来。也就是说，层次越低的人，他不止认知只有一个维度，而且他把他的认知和他的人格捆绑在一起。事实上，我不同意你的观点和你的人格没有一毛钱关系。

正常来说，你的观点和我的观点不一样，我们相互碰撞，收获会更多。但是不爱思考的人不这么认为，他认为你的观点和他不一致，就是在否定他的人格、否定他的人品，在瞧不起他，然后他就做一些小动作反击你。

正常情况下，我们应该至少有两个维度的思维，我不同意你的观点，但我尊重你发言的权利。而且通常要问你一句话，你为什么会这么想？你背后是怎么推理过来的？如果我们这么探讨问题，我们就都多了一个维度看世界，这个世界就会从主观变得客观,就会更接近事实。如果你再成熟一些,你可以从多个维度去看世界,这样就更接近于事实。

24
社会的底线:
对弱者的保护,对弱者的态度

橙: 马院长,社会的底线是什么?

马: 我一再说,有些鸟儿是关不住的,有些鸟儿注定属于蓝天,比如我们最瞧不起的那个鸟儿叫麻雀,其实我们有些时候还不如麻雀,这是让我非常抑郁的地方。我说过,衡量一个社会、一片区域的文明程度和它的上线无关,而和底线有关。这个底线就是看我们如何善待弱者,我们对弱者的态度取决于这个社会的底线。

一个理想的社会,应该让弱者有尊严,让强者守规矩。而衡量一个社会的底线,就是这个社会对弱者的保护,对弱者的态度。那什么叫弱者呢?首先是老人、孩子、残疾人,还有小动物。我们要看这片土地是如何对待老人和孩子的,当一个孩子还不如鸟儿的时候,真的很悲哀。

25
越"没用"的东西,越有用

橙:马院长,为什么说越没用的东西越有用吗?

马:讲个小故事。1841年,刚被选为法兰西学院院士的雨果在大街上散步,看到一个"绅士"对一个妓女搞恶作剧,就是往妓女裙子里塞雪团,双方厮打在一起。后来来了个警察,结果这个警察把妓女给抓走了,把绅士给放了。大家都知道雨果是一个悲悯世界的人,雨果就跟着这个妓女到了警察局,找到了局长,说出了真相,然后告知局长,他的身份是刚当选的法兰西学院院士。那局长怎么也得给他个面子,然后雨果用他的身份做担保,让局长把这个妓女放出来,要不然她就有牢狱之灾。后来,这个妓女就成了《悲惨世界》当中苦难女人芳汀的原型。

这些不是最重要的,最重要的是我想分享这句话,雨果在《悲惨世界》中写道:"世界悲惨无数,中间必有火苗长存,黑夜终将结束,太阳终将升起,在至高者的自由花园之中,我们将重获新生。"如果再多说一句就是:对弱者的关爱,对正义的追求,是我们人类存在的根基,也是我们人类永远的期盼。很多人总是说,知道这么多上层的理想、道德也没什么用,其实我还是想说那句话:越"没用"的东西,越有用。因为这些所谓"没用的东西"会成为你最终行动的指南,甚至是你们家族几代人的为人做事指南。

26
你是乌合之众中的一员吗?

橙：马院长，什么是"乌合之众"啊？

马：有主见的人朋友多，还是没主见的人朋友多？

橙：没主见的。

马：如果你想被更多的人接纳，有更多的朋友，你需要保留自己的想法，还是放弃自己的想法？

橙：放弃。

马：一个人做事更容易冲动，还是一群人在一起做事更容易冲动？

橙：一群人。

马：为什么？

橙：法不责众。

马：你的启发是什么？

橙：看来，人一旦走进一个不优质的群体之中，就会变得不大正常，迷失自我。

马：其实是这样的。乌合之众就是指当一个独立的个体融入一些群体之后，他所有的个性化特征都会被这个群体所淹没，他的思想会被群体的思想所取代，而有些群体中的每一个个体都有着情绪化、无异议、低智商、不思考等特征。他们只相信权力大的人说的话，并视为真理，这些人没有是非、善恶的观点，从不独立思考，也不知道谁好谁坏。以上这些内容来自勒庞的《乌合之众》一书，书中提到的下面一些观点也值得我们思考。

（1）个人一融入群体中，智商就会严重降低，为了获得认同，个体愿意抛弃是非，用智商去换取那份让人备感安全的归属感。

（2）个人一旦成为群体的一员，他将不再为其所作所为承担责任，这时每个人都会暴露出自己不受约束的一面。群体追求和相信的从来不是什么真相和理性，而是盲从、残忍、偏执和狂热，只知道简单而极端的感情。

（3）群体累加在一起的是愚蠢而不是智慧，因为在群体中个人的才智被削弱了，在群体中能获得响应的只是大家都具备的寻常品质，那么这只会带来平庸。

（4）人们没有辨别能力，因而无法判断事情的真伪，许多经不起推敲的观点，都能在群体中轻而易举地得到普遍赞同。

（5）一个人精神失常，是极容易被识别的；一群人精神失常却很难被发觉，而最先发现并且指出的人，通常会被认为是神经病。

（6）群体只会干两种事——锦上添花或落井下石。当你有权时，他们会抬举你，奉你为神明；当你倒霉时，同样是这些人，他们痛打落水狗，喝你的血、吃你的肉、扒你的皮，恨不得把你碎尸万段。

总之，《乌合之众》作为一本研究大众心理学的著作，它很好地解释了过去发生的一些群体事件中，那些高举所谓"正义"旗帜的狂热的群体，他们如何使一个个体在不自觉的状态下转变为群体无意识的行为。这本书值得每一个人阅读。我们每个人都要避免成为乌合之众，融入一个群体之后，也要保持自己的理智和判断力，保持自己的独立性，同时也要致力于提升群体的层次。

27
如何提高认知能力？

橙： 马院长，如何提高认知能力呢？

马： 你在远处看山和在山下看山一样吗？你在山下看山和在山上看山一样吗？

橙： 不一样。差距大了。

马： 你在山下看一百座山和在山上看一座山，哪个让你对山的认识更透彻？

橙： 在山上看一座山。

马： 你的启发是什么？

橙： 看别人做事不如自己做事更明白，自己做再多的事也不如把一件事做好，能对这件事看得更透彻明白。

马： 是这样的。有两句话刚好说明了这个道理：纸上得来终觉浅，绝知此事要躬行；百事通，不如一事精。对事物的认知，不是看书看明白的，是做事做明白的。但做事不能乱做，要尽快确定一件事，把它做透，做到极致，成为业内专家，然后再看其他领域，就能做到一通百通，触类旁通。

橙： 那可以不读书，只做事吗？

马：你开长途车去陌生的地方，可以没有导航吗？

橙：不可以。

马：所以做事之前，要对事物有基本的认识，最好是全面、深刻的认识，信息的来源要尽可能多几个维度，因为信息的质量会影响决策的质量。然后再去做事，做到心中有数。这叫理论指导实践，但是通过做事，又会加深你对事物的认识和理论的理解，这叫实践检验理论、完善理论。

如果你这样长期坚持下去，不停地学习、思考，增加自己的学识、见识、认识，通过不停地做事和与人相处来增加自己的经历、资历、胆识，主要是加强对规律和人性的认识，慢慢地你的认知能力就提高了。读万卷书不如行万里路，行万里路不如阅人无数，说的也是这个道理。

28
为什么太多的人消失在朋友圈中？

橙：马院长，为什么现在很多人不愿意发朋友圈了？

马：朋友圈中发吃喝玩乐无聊的内容点赞的多，还是发思考类型的点赞的多？为什么？

橙：发吃喝玩乐无聊内容的多，因为无聊的人很多。

马：这样长时间下去的结果是什么？

橙：发吃喝玩乐的人觉得很无聊，发思考的人点赞很少，也觉得很无聊。

马：如果你在一个比较保守的集体中，发表建设性的建议或意见，别人会怎么想？

橙：对领导不满。

马：如果你没有发，只给别人点赞，其他人会怎么想？

橙：会认为我对领导不满。

马：如果这些被别人告密呢？

橙：那就倒霉了。

马：你的启发是什么？

橙：那我就关了不发朋友圈了。

马：首先转发或点赞都有可能得罪人，或者随时会被抓住把柄，所以聪明的人就会选择沉默，对好事、坏事、吃喝玩乐、理智思考都不表态。特别在一些比较保守的集体中，他们这么做背后的原因就是一种自我保护，多一事不如少一事，也可以理解为"对时局缄默"或"鸵鸟策略"。当然了，每一个成年人都有自己选择的自由，别人也无可厚非。

还有就是很多人只对吃喝玩乐等物质层面的享受感兴趣，如果你发自拍、旅游、网红打卡地点就会有很多人点赞，只是随着你的成长，你会逐渐发现这些很无聊。但如果你发有关哲学、人生思考、社会热点等点赞的人又很少，你就会感觉很无趣，感觉到人是唤不醒的，是痛醒的，所以慢慢也就没有了发的动力。

橙：那你为什么还要发朋友圈？

马：我看到一段话说的很好：我未必能唤醒周围的人，我只是挣扎着不让自己沉睡；我可能一辈子也实现不了理想，但我永远铭记自己的信仰和方向。换句话就是我只是在做我觉的应该做的事而已。

29
不要妄想用高层次的认知
启蒙低层次的人

橙：马院长，为什么认知层次越低的人越固执？

马：如果你告诉井里的青蛙，外面的蓝天很大，它会相信吗？

橙：不信。

马：你的启发是什么？

橙：认知层次越低的人知道的就越少，知道的越少的人想法就越简单。

马：所以知道的越少的人，相信的就越多，就越难改变。但是人最大的悲哀，是在低层次上早早形成了逻辑闭环，始终看不到逻辑闭环之外的逻辑，不愿意重新构建更大的认知边界。

还有很多人不是醒不来，只是不敢醒！因为无法接受自己一生价值观和希望的幻灭！特别是那些活在谎言里的人，最不容易接受真相。承认了真相，就等于承认了自己的愚蠢。所以，在现实中你常常会发现拒绝真相的人，以此来证明自己不傻！

另外对既得利益者来说，你动他的利益如同动他的生命；对很多底层的人来说，改变他的观念如同挖他的祖坟，而且他们还不知道他们的底层观念正是有些人利益的来源。有一句话说得好：聪明的人看历史就能醒悟，善良的人接受真实信息就能醒悟，无知的人要经历灾难与血泪才能醒悟，愚昧的人自杀也未必能醒悟……

资中筠说：不要妄想用高层次的认知启蒙低层次的蠢货。因为你发的圈子他们根本就看不懂，看懂了也不会关心甚至反感和排斥。你要记住改变是一件痛苦的事情，因为这首先需要否定自己过去的认知，然后再接受一个新的认知，这等于让自己脱胎换骨一次。

30
欲望不能满足便痛苦，满足了便无聊，人生就在痛苦和无聊之间摇摆

橙： 马院长，欲望和理想有什么区别？

马： 你没钱的时候有什么感觉？

橙： 痛苦。

马： 有了钱之后呢？

橙： 迷惘。

马： 你不会直播之前什么感觉？

橙： 挑战、紧张。

马： 之后呢？

橙： 坦然、充实。

马： 你的启发是什么？

橙： 欲望让人痛苦，理想让人踏实。

马： 欲望更多的是指对名、利、资源、财富等的占有，也就是你想有什么。理想更多的是指你理性地去做某件事，也就是你想做什么，你想成为什么。

欲望是卑微的、怯懦的、狭隘的、感性的，在你想着它的时候、在失败的时候都是痛苦的；理想是至美的、崇高的、理性的，在你想着它的时候，你是快乐的，而且在你疲惫的时候，会让你充满动力，在你迷惘的时候，让你找到方向。欲望在实现后，人会感到悔恨、空虚、茫然，而且快乐是短暂的。正如叔本华所说：欲望不能满足便痛苦，满足了便无聊，人生就在痛苦和无聊之间摇摆。理想在实现后，人会感到幸福、充实、持久，又有成就感，即便在追求的过程中也能获得持久的快乐。也就是物质和欲望只能带来短暂的满足，而理想和精神才能带来真正的幸福。

还有，追求欲望靠放纵，追求理想靠自律；欲望的尽头是物质，理想的终极是精神；而且理想是有可能实现的，欲望永远得不到满足！只是遗憾的是，现实却不是这样，有些人的理想成了欲望，精神成了物质。有些人不管外表修饰得多么光鲜亮丽，剥掉一层皮后就只剩下了一堆欲望，过度放纵自己，无力改变自己，无力约束自己，沉醉在短暂的快感中，直至丧失了自己。

31
为什么要多讲规则?

橙: 马院长,你为什么要我们多讲规则,少讲规矩?

马: 通常情况下,几个兄弟在一起,谁说了算?

橙: 年龄大的说了算。

马: 与老人、长辈在一起,谁说了算?

橙: 年长的。

马: 与领导、同事在一起,谁说了算?

橙: 领导。

马: 与老板、有钱人在一起,谁说了算?

橙: 最有钱的人说了算!

马: 这些人在一起,应该谁说了算?

橙: 有道理的,有人品的,有文化的,有经验的。

马: 你的启发是什么?

橙: 看来我们都不会按套路出牌,江湖气很重。

马: 这种奇怪的风气、所谓的规矩侵蚀着每个人的灵魂,使得太多人唯唯诺诺,盲信盲从,独立人格、独立思想就可能消散殆尽!

橙: 那规矩和规则有什么区别呢?

马: 规则是由大家一起协商制定并共同遵守,规矩则是由强者制定,要求别人遵守的,自己却并不一定遵守。你会喜欢哪一个?

橙: 我喜欢规则。

马： 这是对的。规矩和规则，一字之差，差之千里，规则之下一视同仁，相互尊重，人人平等，人人受益，规矩之下则因人而异，相互绑架，等级差异，小人受益。所以，我主张在团队管理中包括与人交往中要多讲规则少讲规矩。

32
如何提升认知？

橙： 马院长，如何提升认知呢？

马： 单一维度看问题更容易明白，还是多几个维度看问题更容易明白？

橙： 多几个维度。

马： 客观看问题更容易明白，还是主观看问题更容易明白？

橙： 客观看。

马： 喜欢热闹的人更容易有自己的认知，还是独处的人？

橙： 独处的人。

马： 喜欢质疑的人更容易有自己的认知，还是盲从的人？

橙： 喜欢质疑的人。

马： 你的启发是什么？

橙： 看来我们要客观地、多几个维度地看问题，同时要学会独立思考、学会质疑。

马： 人看到问题都难免有偏见或有某种倾向性，所以信息来源的多元性和信息之间的差异是独立思考的前提。单一信息只会固化一个人的思维，所以要保持开放、好奇的心态，尽可能地多看世界，多渠道地获取信息，才会有正确的世界观，才不会被别人影响，成为乌合之众。阿玛蒂亚·森曾经说过：有无数的可怜人，长期活在单一的信息里，而且是一种完全被扭曲、颠倒的信息里面，这是导致人们愚昧且自信的最大原因。

考察一个人的判断力，首先考察他信息来源的多样性，如果没有多元的信息来源也就失去思考的前提条件。另外，习惯于主观看待问题就很容易被表象迷惑，容易有偏见，喜欢盲从，容易被掌控；习惯于客观看待问题的人会思考问题本质，按照事物的规律去办事，就很容易把事情看明白。还有，人与人只有在较为肤浅的层面上才容易交往，因为人在群体中为了获得认同，会本能地抛弃是非，放弃思考。所以，人际关系要保持适度距离，不要轻易盲从别人，适当独处是最好的选择。马克·吐温说：当你站在大多数人那边时，你就该想想自己是不是错了。

这个世界不是眼见就一定为真，也不是耳听就一定为实。《沉思录》中说：我们听到的一切都是一个观点，不是事实。我们看见的一切都是一个视角，不是真相。一个智慧的人，绝不会把自己当作真理的化身。我们每个人的知识都是有限的，认识到自身的"无知"，就不要再去盲从，要学会不断地质疑，通过逻辑推理和独立思考，去探究事物的本质。没有缜密的逻辑思维能力与独立自主的思考能力，就会随波逐流、人云亦云、虚度人生。而且教育的成功标志就是孩子学会了质疑,他们有了质疑就会有独立思考,就不会再被别人忽悠,就是有独立人格的人。质疑是一种智商,多少体现出一定的思考能力,当你有能力把各方信息比对分析,才是成熟的开始。

如果做到以上几点,你的认知慢慢就会被打开,思维就会有很大突破,就能很容易看到本质,抓住要点,看到一个真实、透明的世界。从此你可以自己决定人生方向,不再被别人左右。只是遗憾的是,你会很孤独,甚至会被身边的人排斥和怀疑,但你要坚持做自己,挺直脊梁,不要在乎那些世俗、庸俗的眼光。

橙: 那样我会不会很痛苦啊?

马: 没思想痛苦,有思想更痛苦;没思想别人痛苦,有思想自己痛苦。

33
该如何面对不同观点?

橙: 马院长,该如何面对不同的观点?

马: 大部分人喜欢听和自己一致的观点,还是不一致的观点?

橙: 一致的。

马: 我想得到大家的认同或支持,应该讲和大家一致的观点,还是不一致的观点?

橙： 一致的。

马： 如果我的观点都和你的相同，还用再听我讲课或直播吗？你听课还有意义吗？

橙： 没有。

马： 如果一个人天天听自己认同的内容，还会有进步吗？

橙： 不会。

马： 如果我的观点要让所有人赞同，那可能吗？

橙： 不可能。

马： 你的启发是什么？

橙： 虽然大家都喜欢听自己认同的观点，但为了我们的成长还是要讲大家不认同的东西。

马： 如果一个人听到和自己不一致的观点，通常本能的反应是什么？

橙： 反驳。

马： 如果我那样讲得罪了很多人，对我还有好处吗？

橙： 没有。

马： 你的启发是什么？

橙： 看来一个人要成长很难，一个老师讲真话也很难。

马： 很多人看似在思考，实际上他们只是在整理自己的偏见；很多人看似在捍卫真理，其实他们只是在捍卫自己的观点。面对这样的人，和"秀才遇见兵，有理说不清"一样，是很难影响他们的。

橙： 还有吗？

马： 成长就是一个质疑的过程，质疑以前自己深信不疑的东西，检验它，重新建立或进一步巩固自己的认知，就相当于迈向了一个新的台阶，有了新的智慧，然后再带着质疑和迷惘继续迈上更高的台阶。只是遗憾的是，太多人没有胆识、智慧和良知否定自己、质疑自己，也就没有了所谓的成长，所以有些人虽然肉体还活着，但灵魂早就没了。读万卷书，如果没有常识，三观不正，读也白读，就是个两脚书柜；行万里路，如果善恶不分，是非不分，走也白走，只是行尸走肉。伏尔泰曾经说过：我不同意你说的话，但是我誓死捍卫你说话的权利。这是对的。这是面对异议的基本态度，只是有些人连这个起码的标准都做不到，动不动就本能地先反对，给对方扣帽子，上纲上线，煽动民意，激起民愤，所以导致一些人选择了沉默和离开，或者是不屑与这些人为伍。

34
明哲保身不好吗？

橙： 马院长，明哲保身不好吗？你怎么总说别人是缩头乌龟啊？

马： 面对罪恶与不公，如果你选择了明哲保身、岁月静好、各扫门前雪，罪恶会消失吗？

橙： 不会。

马： 罪恶去哪儿了？

橙： 去别人身上了。

马： 如果每个人都这样，罪恶会越来越多，还是越来越少？

橙：越来越多。

马：几十年后，这些罪恶会出现在谁的身上？

橙：我们的孩子身上。

马：你的启发是什么？

橙：面对罪恶，如果选择了明哲保身，那是把灾难留给了后代。

马：那还配为人父母吗？

橙：不配。

马：那该怎么做？

橙：应该和罪恶做斗争，维护这个社会的公平正义。

马：为人父母如果不能给自己的后代留下一个充满公平正义的社会，留下一个"干净"的社会，是一种极度不负责的行为。如果再纵容犯罪、放任罪恶的存在，其实就是在犯罪，等同于图财害命，就不配为人父母。

橙：可是，有的人还是这样，该怎么办？

马：我也不知道该怎么办，只能瞎喊几句。

35
喜欢扎堆好吗？

橙：马院长，喜欢扎堆好吗？我同学、朋友们经常聚会，我很羡慕。

马：喜欢扎堆的人都谈什么？

橙：八卦吧。

马：有意思吗？

橙：没意思。

马：那为什么还要聚？

橙：寻找存在感，炫耀自己。

马：通常什么样的人喜欢扎堆？

橙：刚毕业的或者不大忙的。

马：马尔克斯在《百年孤独》中说："这个世界上，但凡有人群聚集的地方，所谈论的话题，无外乎三个——拐弯抹角地炫耀自己，添油加醋地贬低别人，互相窥探地搬弄是非。"其实，很多聚会都流于无意义的应酬了，有人炫耀，有人附和，大多数人都在伪装自己。这样的聚会，对成长、思维和认知毫无帮助，是在浪费时间和精力。

橙：可是我不聚会，不就被孤立，不能合群了吗？

马：那些喜欢扎堆的人应该是思想还不够成熟，不敢也不会独自面对自己，需要更多外部活动来分散注意力，掩饰无聊和空虚。通常随着一个人的成长，有了自己的思考和认识后，就不太愿意迎合周围的人了。比如，不想听有钱的人炫耀吃喝玩乐，不想听没钱的人诉苦，也不想听别人吹牛和搬弄是非，更不想去听什么流言蜚语。更多的时候喜欢独处，不喜欢参加聚会浪费时间。

你不需要为选择独处而担心不合群，低质量的合群是在消耗生命。当然了，工作中必要的社交还是要有的，生活中一些聚会偶尔也是要参加的，并不是完全拒绝，而是不要热衷于这些。适当的社交活动也是一个人成长的一部分，但是随着成长，特别是在 40 岁以后就要尽可能地减少无效社交和多人聚会，除非知己，小范围的聚会是可以的。到了一定年龄段，就不要轻易走进人群，要慢慢把圈子变小，和干净的人相处，要学会独处，并在独处中自省、自觉。

其实，读懂自己，知道自己的长处和短板，明白自己真正的需求，有时候比表达自己更重要。但是不成熟的人总想在人群中寻求存在感，这样的人活跃在人群中却始终找不到自己的位置；成熟的人却在独处中找到自己，活出自我。人这一生独处的时间远远大于和别人在一起的时间，所以独处其实是人生最重要的一项生活技能，却很容易被忽略。独处的质量，可以说就是人生的质量。

36
人生最大的幸福感是拥有一个自由的灵魂

橙： 马院长，有钱就会很幸福，对吗？

马： 给你很多钱，什么也不让你干，你会幸福吗？

橙： 不幸福，反而很遗憾，我一辈子什么事儿也没干。

马： 给你很多钱，把你养起来，你会幸福吗？

橙： 那就更不幸福了，会和一只宠物一样没有自由。

马： 给你很多钱，但不保证你的安全，你会幸福吗？

橙：不幸福，说不定哪天就啥都没了。

马：给你很多钱，你想干啥就干啥，你会幸福吗？

橙：这个很难说，因为我没有挣钱的能力，担心管不好这些钱。

马：如果你身边的人都和你一样，都认为钱高于一切，你会幸福吗？

橙：不幸福。

马：你的启发是什么？

橙：有钱也不一定会幸福。

马：幸福与金钱无关，但痛苦却与金钱息息相关。挣钱不是目的，我们最终目的是为了生活。只是太多人为了生活去挣钱，而忘了生活，把挣钱当作生活的目的。

越是愚昧落后的群体，越喜欢用名利、权势、身份等物质享受来体现自己的优越感和幸福感，这与动物的需求和欲望其实没有任何差异。泰戈尔说：当金钱成为信仰的标的，这个民族就会沦为禽兽，投进地狱。所以，自由和尊严才是人一切幸福和美好的前提。真正的幸福感来源于精神、良知，人生最大的幸福感是拥有一个自由的灵魂。

37
比阶层固化更可怕的，是"认知"固化

橙：马院长，你总说人生要少走弯路，你能告诉我个人成长中最

大的障碍是什么吗？

马： 总想偷奸耍滑、投机取巧的人容易成功，还是勤奋做事、本分做人的人容易成功？

橙： 勤奋做事、本分做人的人。

马： 总想找轻松、好玩的工作的人容易成功，还是干一行爱一行的人容易成功？

橙： 干一行爱一行的人。

马： 总是到处抱怨、推卸责任的人容易成功，还是敢于担当、理解他人的人容易成功？

橙： 敢于担当、理解他人的人。

马： 前面那种人会认为自己错了吗？为什么？

橙： 不会。他会认为是别人错了。

马： 你的启发是什么？

橙： 看来人生最大的障碍就是不认为自己做错了，然后一条道走到黑。

马： 比阶层固化更可怕的，是"认知"固化，长期陷于错误的认知，就会丧失深度学习的能力，就很难突破固有的认知。认知越低的人看事情就越主观，他们容易被表象迷惑，容易有偏见，喜欢盲从。比如那些职场老油条，他们油盐不进，永远不想从自己固有的认知中走出来。认知越高的人，看事情就越客观，他们遵从本质和规律办事。

查理·芒格曾说：一个思维框架，在给我们提供一个认识世界维度的同时，也会遮蔽我们的认知。一个有洞察力的人，首先要破除的就是单一决定论，多元系统的威力远远大于单一因素的力量。

2
CHAPTER

给自己的人生
赋予意义

38
明确了三观，你才知道自己在哪里，要往哪里去

橙： 马院长，什么是三观啊？

马： 对一个海外留学生和一个在偏远地区没有受过高等教育的孩子来说，他们对人生的理解和追求会一样吗？

橙： 肯定不一样啊。

马： 为什么？

橙： 他们的认知不同，经历不同。

马： 那你的启发是什么？

橙： 看来眼界决定人生，眼界决定境界。

马： 其实是这样的。你有什么样的眼界，就会有什么样的境界，就会有什么样的人生。对同样两个普通家庭的孩子，一个孩子的父母相对朴实本分，另一个孩子的父母喜欢投机取巧，如果这两个孩子都想过上幸福的生活，通常在长大以后他们发展的路径会一样吗？

橙： 不一样。

马： 那你的启发是什么？

橙： 生活环境会影响他们做人的方式。

马： 其实是这样的。你有什么样的世界观，就有什么样的成长路径。它还影响着你的价值判断，是选择勤奋，还是投机，还是走捷径。总之，世界观决定一个人的人生观，同时也影响

一个人的价值观。但是世界观,随着一个人的成长也会有相应的变化,不过一旦固定下来就很难改变了。所以,在形成世界观的时候,要尽可能对世界有客观真实的认识,也就是要追求真理。有一句话叫"世界都没看过,哪来的世界观",就是这个道理。在价值观方面要选择善良,也就是追求良知。在人生观方面要尽可能地去实现生命的价值,也就是追求生命的意义,不要去追求所谓的人生享乐等。

橙:都把我说糊涂了,能说简单点吗?

马:简单点说,世界观就是你在哪里,人生观就是你要去哪里,价值观就是你怎么去。

橙:这么说我就明白了。

39
名和利都不重要,能力才是最重要的

橙:马院长,名和利哪个更重要啊?

马:一个教授和一个处长退休之后,谁更舒服?

橙:教授更舒服。

马:为什么?

橙:教授相对来说学识更高,专业能力更强。

马:一个穷大学生和一个快递小哥,谁对未来更自信?

橙：穷大学生，他有知识，有文化，只要多奋斗就有未来。

马：那你的启发是什么？

橙：名和利都不重要。

马：那什么重要？

橙：能力重要。

马：说得很好。名和利其实都是身外之物，唯一让人心安、让人踏实、让人有独立人格的，其实就是真才实学。

橙：那我要好好努力了。

马：嗯，是的，要好好努力长本事。

40
对公司可以不忠，但要做到诚实

橙：马院长，我需要对公司忠诚吗？

马：如果公司对你不好，还要求你忠诚，你什么感觉？

橙：心里不舒服，觉得烦。

马：如果公司对你好，还给你股份，把你当合伙人对待，而后再要求你忠诚呢？

橙：那行，我肯定死心塌地地干。

马：你的启发是什么？

橙：忠诚是相互的，公司对我好，我才会对公司忠诚。

马：其实是这样的。忠和诚我们可以分开看。忠，是相互的。他对你好，你对他也好，没问题。但是如果他对你不好，你就没有必要对他忠。但"诚"是单向的，不管别人对我们好不好，我们都要做到诚实。即使离开了他，也要告诉他是什么原因，以便他将来改进。所以，我们对公司可以不忠，但要做到诚实。

41
道德可以用来约束自己，却不能绑架他人

橙： 马院长，公司的股份送给我们不行吗？你的股份那么多，为什么还要我们花钱买？

马： 人对白白得到的东西会珍惜吗？

橙： 不会。

马： 人家辛苦挣来的东西，凭什么要白送给你？你这是抢还是道德绑架？

橙： 也是。

马： 如果白白把股份给你了，你怎么证明股份是你的？你又没有出钱。如果将来我说我后悔了，要把给你的股份再要回来呢？反正你又没有花钱买。如果将来你要退股时，我也可以不给你钱吗？

橙： 原来中间还有这么多问题。

马：你的启发是什么？

橙：人可以为自己想，但不能做得太过分。做得太过分了就会侵害到别人，自己也得不到任何好处。

马：其实是这样的。道德可以是一种律己的工具，用于自我约束，不能反过来强制要求、绑架他人。幸运时常眷顾那些懂得天道和人道的人，而不贪婪是一种克制，不妄言是一种自律。

42
知识层次高的人就一定道德高尚吗？

橙：马院长，为什么有个大学教授会提倡一夫多妻这样离谱的观点，还咒骂网民？

马：常识和知识有关系吗？

橙：关系不大。

马：良心和知识有关系吗？

橙：关系不大。

马：读了书的人如果变坏，和没读书的人变坏，谁更坏？

橙：读了书的人。

马：你的启发是什么？

橙：那位教授还在国外留过学，知法懂法，不去追求社会的公平、正义，心怀众生，改进法制，维护社会公义，却自认为高高在上，置"人不分贵贱"的平等精神于不顾，去追求特权思想，只考虑个人私欲，不管别人死活，这样的人存在就是社会的祸害。

马：这件事背后的原因，可以用北大钱理群教授的一段话来解释："我们的一些大学，正在培养一些'精致的利己主义者'，他们高智商、世俗、老到，善于表演，懂得配合，更善于利用体制达到自己的目的。这种人一旦掌握权力，比一般的贪官污吏危害更大。"

那些人愚蠢的本质，可以借用朋霍费尔的一段话来说明："愚蠢是一种道德上的缺陷。愚蠢的人不可能真正善良，因为愚蠢的人是非对错不分，奉恶魔如父母，视良知如仇寇。愚蠢本身，就是一种不可救药的邪恶。"

43
已经看过了外面的大千世界，依然对身边的小花小草抱有慈悲之心

橙：马院长，什么人是值得尊重的？

马：有权、有势的人？

橙：不是。

马：有知识、有身份的人？

橙：也不完全是。

马：有钱人包括你的老板，值得尊重吗？年龄大的人都值得尊

重吗？

橙： 也不是。

马： 你的启发是什么？

橙： 有财富、名利、权势的人都不一定值得尊重，对于一些仗势欺人的人，没有他们，社会反倒发展得更好。

马： 其实是这样的。真正值得尊敬的人是那些体恤民生、善良正直的人，他们懂得生存的艰难，他们为追求社会公平正义而体现出来的责任、仁慈、勇气、诚实和奉献精神，当然也包括他们根植于骨子里的温暖、良善而表现出来的人格魅力，都是值得尊重的。

还有就是那些探索真理的人、能独立思考的人也是值得尊重的。他们的观点让人耳目一新，有周密的逻辑和直击本质的洞见，他们智慧的思想就像黑暗里的一束光，在照亮黑暗中我们迷惘的内心。

还有就是那些见过世面、取得过很大成就的人也是值得尊重的。他们目光远大、胸怀天下、内心悲悯，会温柔地对待身边的人和物，处处让人感到舒服，他们的所作所为就像这两句诗——已识乾坤大，犹怜草木青，已经看过了外面的大千世界，依然对身边的小花小草抱有慈悲之心。

总之就像鲁迅说的那样："中国自古以来，就有埋头苦干的人，就有拼命硬干的人，就有为民请命的人，就有舍身求法的人。"他们是中国的脊梁，是值得我们尊重的人。

44
为什么抑郁的都是聪明人？

橙：为什么抑郁的都是聪明人？

马：笨蛋都有什么特点？

橙：天天傻呵呵的。

马：为什么会那样？

橙：他们觉得有吃有喝的，整天想那么多干什么！

马：那聪明人呢？

橙：那就想得多了。

马：如果是聪明而又悲悯世界的人呢？

橙：那就想得更多了。

马：想多了的结果是什么？

橙：理想和现实冲突太多了，理想很丰满，现实很骨感。

马：你的启发是什么？

橙：看来做人还是不能看得太明白了。

马：其实是这样的。那些聪明而善良的人能透过表象看到事物的本质，但又无法接受有些现实真相的丑陋。由于他们本性善良、人格高尚、追求精神至上，是理想主义者，不屈服于现实，于是陷入美好理想和现实的冲突之中，难以自拔。对于普通人而言，痛苦往往源于欲望大于能力；对于思想者而言，痛苦往往是因为灵魂活在云霄之上，而肉体无法超越尘世。

45
善良不是一种性格，
而是一种选择、一种智慧

橙：马院长，我可以不做好人吗？不想做好人了。

马：为什么？

橙：好人总吃亏，好人难做，而小人却往往得志。

马：如果你做了小人，你会遇到更多好人，还是小人？

橙：小人。

马：如果你做了好人呢？

橙：会遇到更多的好人。

马：如果你做了小人，你的孩子通常会成为什么样的人？

橙：大概率也会成为一个小人。

马：你的启发是什么？

橙：虽然现在社会中好人在与坏人较量时有时候会失败，因为好人并不拥有坏人最具杀伤力的武器——无耻，所以太多的人会认为好人吃亏、小人得志，但物以类聚、人以群分，当人善良的时候，即使眼前吃亏，也遇到越来越多的好人，路会越走越宽；当人邪恶的时候，即使眼前得利，可身边会布满坏人，未来则会很难预料。所以，<u>善良不是一种性格，而是一种选择、一种理想，它需要胆识和智慧</u>，只是有些人并不具备这种素质。

46
如果人生没有意义，
你可以给自己的人生赋予意义

橙： 马院长，人生没有意义吗？

马： 如果人生没有意义，你可以给自己的人生赋予意义。

康德说过：人是目的，而不是工具。我们可以掌握自己生命的主动权，我想说，因为人即是目的，所以我们可以赋予自己的人生以意义。

那么想要人生有意义该怎么做？第一，我们必须确保有尊严地活着。有尊严地活着首先需要你经济上独立，说白了你必须对饥饿没有恐惧，就是我们这辈子不再为温饱而活着，这就是经济独立。经济独立之后才会有人格独立，如果你说这辈子我都实现不了经济独立，我一直在为温饱而活着，这时候就没有人格的独立，这时候就很难有生活的意义，光活着就消耗了你所有的精力和资源，你根本没有时间思考什么是尊严。我们只有免于饥饿和恐惧之后，才具备独立的人格。这是前提，没有这个，其他都是假的。

要先确保经济独立，然后剩下的就是让自己做的事开始变得有意义，做喜欢做的事，和喜欢的人在一起，做有意义的事。这样是不是就开始变得有意思了？因为你经济上独立、人格上独立，这样你就有选择的空间和选择的能力，选择你喜欢的事和喜欢的人。另外，最好你做的事是有意义的事，啥叫有意义的事呢？就是你死了之后这件事还能让别人受益，这样的话你会觉得我这辈子没白来一趟，因为我的存在让这个世界变得更美好，我死的时候内心变得更加纯洁，这样你就可以很坦然地去世。

我就是这样一步一步走过来的，就是先活着，然后有尊严地活着，接着你就有选择的能力。我们有些人是没有选择能力的，人这辈子最痛苦的就是没有选择，光活着就消耗了你所有的精力。想要活得有意义，结论只有一个，就是首先要有尊严地活着，就是经济独立、人格独立，然后让自己有选择的能力，选择喜欢做的事，选择喜欢的人，再下一步就是做有意义的事，让别人能因你而受益。

47
多讲公德，少讲私德

橙： 马院长，我们要多讲公德还是私德呢？

马： 我很少谈论别人的私德。比如谁跟谁离婚了，他家里人之间怎样，我很少谈这些。为什么很少谈呢？因为我们得到的信息不全，这就叫清官难断家务事，你知道的只是别人想让你知道的，事实是什么样，我们不知道。当我们不知道的时候，就很有可能会被别人主观的意愿，而不是事实所引导。所以，我更多谈的是公德层面的事，而不是私德层面的事。

损害公德侵犯的是公众的利益，这是我们每一个有良知的人都要明确反对的，因为它会对我们每一个人都造成伤害。但是私德更多的是两个人之间的事，是小范围之内的事。只要受害人不生气，我们就没必要生气，也没必要批判。

我更多谈的是侵害了公德的事，侵害了公德就是侵犯了公众的利益、大家的利益，它会让这个社会变得越来越龌龊。所以，我们在这方面要保持敏感，把更多的精力放在公德上面。对私德的家长里短，我一般相对谨慎。因为这取决于我们对真实事物的把握，而这个是很难的。即便是事实，你只要用嘴说出来，它就是主观的，就离事实有距离。在评论私德方面，我个人的建议就是要谨慎，除非你看到的是事实。但是你又会发现亲眼见到的有时候也不一定是真的，何况又通过很多人转述呢？所以私德方面的事尽量少评判。

48
一见钟情看五官，久处不厌看三观

橙： 马院长，我跟所有的人都三观不合，怎么办？

马： 如果你跟所有的人三观都不合，而且你还在奋斗期，那说明你有问题。在奋斗期你不合也得合，因为你不跟别人合作就没法做事。如果说过了奋斗期，那你可以选择过你喜欢的生活，你有资格说和谁不合。在奋斗期你的任务是把事做成，承担起你该承担的责任，在你的责任没有完成之前，很多东西你是没资格谈的。

还有就是你认为对的不一定就是对的，因为你现在所有的三观，所有的知识结构不是你定的，而是别人设定的。你从小接收的信息决定了你是什么样的人，如果你接收的信息是错的，那么你的三观就错了。这就是为什么我们常说，你所坚信的未必就是真理。

一见钟情看五官，久处不厌看三观。结论就是，如果在你有选择能力的时候，那你就基于价值观来判断。如果是在奋斗期，当你还没有选择能力的时候，面对三观不合的人，我的建议是跟他保持距离。

如果说这个人跟你有血缘关系，是你的父母、兄弟姐妹，怎么办？还是那句话：三观相同就多交往，三观不同就少交往，你就没这么累。但因为有血缘关系，你也不能跟他保持太远的距离，你要保持一个度，尽到该尽的责任，同时保持人格独立，包括对父母。

对于没有血缘关系的三观不合的人，能远离的就尽可能远离。这个世界上最愚蠢的事就是跟三观不合的人讲道理，我们成人一定要放弃无效的社交。三观不合，你不要指望能跟他做朋友，也不要指望和他讲道理，更不要指望能影响他。你本来和他就没关系，远离即可。

还有一种就是你跟他没有血缘关系，但你又不能远离他，比如你的同事、同学。怎么办？保持适度的距离，不得罪小人，求同存异。

3
CHAPTER

所谓正义，就是让一个人获得他应得的东西

49
迟到的正义还是正义吗?

橙：马院长，迟到的正义还是正义吗？

马：既然是正义，为什么要迟到呢？如果是真正的正义，应该准时到还是迟到？

橙：应该准时到吧。

马：如果你总是迟到，还标榜自己是好人，会有人信吗？

橙：不会。

马：如果你总是迟到，还标榜自己是好人，你背后的目的是什么？

橙：欺骗别人，有不可告人的目的，继续忽悠别人。

马：如何你高考被人顶替，30年后才被发现，这时即便"所谓的正义"来了，对你还有意义吗？

橙：我的人生不可能从头再来了。我就想问，为什么当时正义来不了，这么多年了，正义都干什么去了？到现在再来，对我来说已经意义不大了，我的心都凉了。

马：如果你杀了人，100年后才被发现，对被害人来说还有意义吗？

有这样一句话："迟来的正义为非正义（Justice delayed is justice denied.）。"据说是美国当时的大法官休尼特的名言，本来是嘲讽当时的美国司法效率低下的意思，结果不知道哪位翻译领会错了真意，给翻译成了"正义也许会迟到，但不会缺席"。

如果迟到的正义还算正义，那就不必有追诉时效一说了。迟到的正义最多算是一个真相。很多人喜欢说"正义也许会迟到，但从来不会缺席"，只不过是因为针没有扎在自己心上，没有体会到那种钻心的疼痛，不然让正义在他身上迟到一次试试？

所谓的"正义也许会迟到，但从来不会缺席"，其实是典型的毒鸡汤，它给"非正义"提供了保护伞，也给"迟到"创造了条件，提供了理论依据。在一个真正法制高度健全的社会，正义是不会迟到的，迟到的正义就不是真正的正义！

如果没有真正的是非观，就请不要自诩善良；如果不敢说真话，就请不要标榜正义。人可以活得卑微，但是不能卑鄙，苟活者也需要有一点尊严，有一点价值，这就是让自己的言行服从于自己的信仰。

50
施恩莫望报，不要用道德绑架别人

橙：马院长，如果我帮了别人，可以要求他感恩报答吗？

马：如果你帮了别人，还指望别人将来报答你，那你帮别人的动机还单纯吗？

橙：不单纯了。

马：如果你的目的不纯，通常会有好的结果吗？

橙：不会。

马：那你的启发是什么？

橙：帮不帮是我的事，能否感恩是别人的事。

马：是的。这是两码事，我们没有资格用道德绑架别人。

橙：那是不是我做了好人就白做了？

马：我们做一件事情不要先考虑有没有好处，而是要先考虑这件事是不是对的。所谓的"好处"只能给你带来眼前的利益，但"对的"事情却能给你带来未来。

51
不要遗憾过去，也不要焦虑未来

橙：马院长，为什么现在有很多成年人突然就崩溃了？

马：这么多年来物价都在涨，但低收入群体的工资涨得多吗？

橙：不多。

马：对未来的期望值变大了还是变小了？

橙：变小了。

马：这么多年来社会是更浮躁、功利了，还是更温和、平静了？

橙：更浮躁、功利了。

马：古代的农民会有这种"成年人的崩溃"吗？

橙：可能很少吧。

马： 你的启发是什么？

橙： 有些成年人的体面都是钱给的，他们的崩溃是从缺钱开始的。很多事情缺一次钱，你才会真正见识到人生有多无奈。

马： 其实是这样的。有些人的崩溃并不是突然爆发的，它一定是日积月累的结果，也许一个微不足道的挫折，就成了压垮成年人的最后一根稻草。

莫泊桑在《一生》中写道："人的脆弱和坚强都超乎自己的想象。"有些事经历过后才会看淡，看淡之后才会明白，其实就是看淡名利都是身外之物。不要为过去没有得到的东西而遗憾，也不要为了未来想要得到的东西而焦虑，总之就是不要被所拥有的物质、身份、职位等东西所束缚和捆绑，要知道人生本就是一个过程，是一场体验，所有你拥有的东西终将都会失去。《圣经·旧约》中说："请丢掉你所拥有的一切，将自己从一切束缚中解放出来。"

52
越低调的人越拥有真正的深度和高度

橙： 马院长，我可以感恩吗？

马： 为什么？

橙： 别人帮我了啊。

马： 是否感恩那是你的事。如果你到处炫耀，意味着什么？

橙：告诉别人自己知恩图报，是个好人。

马：你身边什么样的人做了好事喜欢到处炫耀？

橙：虚伪的人。

马：那你的启发是什么？

橙：私德层面的事，属于个人修为，只能做不能说，说了就是道德绑架。

马：其实是这样的。小人喜欢吹嘘道德，天天道貌岸然，越没道德的人越喜欢吹嘘道德、越张扬。君子喜欢讲规则，所谓君子之交淡如水，越有修养的人越谦卑。当一棵树不再炫耀自己叶繁枝茂，而是深深扎根泥土中时，它才真正地拥有深度；当一棵树不再攀比自己与天空的距离，而是强大自己的内径时，它才真正地拥有高度。人同样需要深度和高度！

53
所谓正义，就是让一个人获得他应得的东西

橙：马院长，你的股份能多分点给我吗？

马：为什么啊？

橙：你的股份那么多，多给我一点，我可以多分钱啊。

马：那你有那么多钱买股份吗？

橙：你能便宜点吗？

马：你将来退股时，我也便宜点回收可以吗？

橙：那不行。

马：任何时候都要有最基本的常识：不是自己的不要拿。不是辛苦付出得到的东西都不是自己的，做人要永远坦荡，维护社会公平、正义。亚当·斯密也告诉过我们：所谓正义，就是让一个人获得他应得的东西。

54
蠢货和疯子都自信满满，而智者经常自我怀疑

橙：马院长，为什么想改变一个人很难？

马：你想改变一个人的前提是，你要告诉他，他的认识是对的还是错的。但多数人更愿意让别人说他是对的，还是错的？

橙：多数人都想让别人说自己是对的。

马：其实是这样的。很多人追求的并不是真理或真相，而是各种情绪安慰，各种心灵鸡汤，各种被编织的谎言。还有很多人之所以看不到真相，也是因为真相往往都是复杂又残忍的，太多的人没有足够的勇气和智慧先否定自己，特别是对自己已经固有的几十年的观念的否定，所以即便你把真相和真理呈现在他面前，他也视而不见。哲学家罗素说过："这个世界最荒唐的地方，就是蠢货和疯子都自信满满，而智者经常自我怀疑。"

55
人生发展有捷径吗？
不要用体力的勤奋替代大脑的懒惰

橙：马院长，人生发展有捷径吗？

马：如果你的部门每年有一半人离职，三年后就你工龄最长，通常谁会被提拔为部门经理？

橙：我，我又不笨。

马：如果七八年后，在所有部门经理中，数你的工龄最长，通常谁会被提拔为总监或副总？为什么？

橙：还是我，我不笨又不懒。

马：如果你的公司有一个新项目需要负责人，老板通常会选能干的人，还是他信任的人？

橙：他信任的。

马：信任和什么正相关？

橙：不知道。

马：一个人工作三年，另一个工作八年，老板通常会信任谁？

橙：工作八年的。

马：你的启发是什么？

橙：看来人生发展还真有捷径啊，那就是勤奋和坚持。只要这么做，将来一定有机会。

马：其实是这样的。优秀是坚持得来的，伟大是熬出来的。勤奋谁都会，只要有眼前能看得见的利益，多数人就会勤奋，看看那些临时工就知道了，但坚持却需要智慧，看不到未来利益的人是不会去坚持的，所以也就更谈不上有什么未来。我们要用心去判断未来，去发现心能看到而眼睛看不到的东西，眼睛看到的可能是假的，用心看到的才是真的。其实就是要学会思考，不要用体力的勤奋替代大脑的懒惰。

橙： 真是老马识途啊！

56
工作和生活如何平衡？
人生不是追求完美

橙： 马院长，工作和生活如何平衡？我太忙、太累了，都没有生活了。

马： 自古"忠孝两全"的多吗？

橙： 不多。

马： 对普通人来说，要在事业上有所成就，面临的竞争压力大还是小？

橙： 大。

马： 如果还要照顾家庭呢？

橙： 那就更难了。

马： 你的启发是什么？

橙： 真的好遗憾啊，看来工作和生活真的很难平衡。

马： 其实人生就是一场修行，而遗憾则是修行中不可或缺的。人生不是要追求完美，而是要在遗憾中完善和提升自己，让遗憾越来越少。人世间的完美都是相对的，有遗憾才叫作人生。但你还是可以尽可能地做好选择，给人生少留一些遗憾。比如夫妻俩人，如果有一人正处在事业上升期，另一个人就可以选择回归家庭。如果是创业的老板，可以通过做好管理，大胆放权，让自己留给家庭的时间多一些。

星云大师说：在这个世界上，没有一劳永逸、完美无缺的选择。你不可能同时拥有春花和秋月，不可能同时拥有硕果和繁花。不可能所有的好处都是你的，你要学会权衡利弊，学会放弃一些什么，然后才可能得到一些什么。你要学会接受生命的残缺和悲哀，因为这就是人生。

57
清华毕业做保姆是不是浪费？

橙： 马院长，清华毕业当保姆是不是人才浪费呀？

马： 人格和职业有关系吗？

橙： 没关系。

马： 专家更高尚还是农民更高尚？

橙： 这还真不一定。

马： 通常什么样的行业是好行业？

橙：有未来、有潜力的。

马：20年前大部分人是怎么看待电商、快递行业的？

橙：低端落后，被人看不上。

马：现在呢？

橙：现在这些行业都做得很大了，已经成了主流行业。

马：为什么多数人看不明白哪些行业有潜力？

橙：因为多数人都被偏见影响，他们更看重眼前的利益。

马：如果你家每年有千万的收入，你是愿意请清华毕业生辅导你的孩子，还是请一个普通学校的学生辅导你的孩子？

橙：清华毕业的。

马：现在富裕家庭的数量是越来越多，还是越来越少？

橙：越来越多。

马：但目前做家政服务的人员多数是什么群体？

橙：文化程度偏低、待业的妇女居多。

马：他们能满足富裕和高知家庭的需求吗？

橙：不能。

马：他们更需要什么样的家政服务人员？

橙：高素质、高学历的。

马：通常什么样的人在这个行业会晋升比较快？

橙：有素质，有学历，工作也干得好的。

马：如果同样是这个人去一所三四流的高校当老师，会怎么样呢？

橙：可能也会很优秀，但个人发展会相对较慢。

马：首先阻碍我们发展和成长的往往是过去的认知与偏见，但遗憾的是，多数人还活在过去浅薄的认知和偏见的牢笼中。随着社会的发展,高收入的富裕家庭会越来越多,需求也就有了差异化、多元化,家政行业也就出现了精细化、专业化的分工,从过去干家务的保姆,到现在的家庭教师、管家、厨师、园艺师等。越来越多的雇主倾向于找综合素质高、学历高的人员,这就对从业者提出了更高的要求,要懂整理、懂教育、懂外语,甚至包括懂社交等,因此高端家政就成了现在处在风口的行业。敢于做家政工作的清华毕业生没有被世俗眼光绑架,很聪明、很有胆识地把握住了这个机会。这样的工作其实比那些单调乏味的、按部就班的、没有太大发展的工作要有意义多了。

杜威曾说:"教育只是生活的过程,而不是将来生活的预备。"工作没有高低之分,一个充满活力的社会,社会流动应该是千姿百态的。

58
平庸的幸福:你所谓的岁月静好,可能只是虚假的无知

橙: 马院长,为什么说有些人是平庸的幸福?

马: 现在有些人在追求什么?

橙: 钱和权。

马: 他们对人间疾苦的态度是什么?

橙：麻木，各扫门前雪，关起门来过自己的生活。

马：他们是活在虚幻的世界还是真实的世界中？

橙：虚幻的、表面岁月静好的世界中。

马：由于他们的动力是来自对权力的崇拜和对金钱的渴望，所以导致对现实生活和与自己无关的人和事冷漠、麻木，然后就是对整个真实世界毫无知觉，一直活在自己所造的虚幻的、所谓岁月静好的世界中，以为这就是幸福，其实这是一种无知。

橙：这样好吗？

马：无知的人越多，社会越悲哀，少数明白人的呐喊，也许会带来希望。

59 为什么要有独立的人格？

橙：马院长，你为什么总是让我们要有独立的人格？

马：人云亦云的人会有创造力吗？

橙：没有。

马：做事、做人没有原则，是非不分、真假不分的人这辈子会有尊严吗？

橙：不会。

马：追求名利、权势、面子的人这辈子会知道什么是尊严吗？

橙：不会。

马：思想的自由和个性的独立，正是拥有独立人格的人区别于一般人的魅力所在，也是一个人是否有创造力、生命力的源泉。一个人没有经济上的独立，就缺少自尊；没有思考上的独立，就缺少自主；没有人格上的独立，就缺少自信。人作为一个独立的生命个体，为什么而活，人生的意义在哪里？只有人格独立的人才能自我拯救心灵，保持身体健康，保证自己的安全。人拥有了独立之人格、自由之精神，便不会再接受任何的奴役与强迫，生命会变得坚韧而顽强起来，你不必复制他人的生活模式，别人也无法企图塑造你的模样。

爱因斯坦曾经说过：驱动我们人类向前的东西中，真正有价值的不是国家，而是有创造性的、有情感的个人，是人格。任何为唤醒和支持个体的道德责任感所做的努力，都是对全人类的重要贡献。

60
什么才是实用的东西？
站在未来看现在

橙：马院长，什么才是实用的东西？有人认为你讲的不实用。

马：农民工认为什么最实用？

橙：多给他们工资。

马：普通老板认为什么最实用？

橙：解决他企业的问题。

马：优秀的企业家认为什么最实用？

橙：明确他的企业的发展方向。

马：真正的专家、教授、学者认为什么最实用？

橙：有了新的思想碰撞。

马：你的启发是什么？

橙：每个人对实用的理解都不一样。

马：普通人之所以普通，就是太看重所谓实用的东西。其实所谓实用的东西都是眼前的东西，但越是眼前的东西越没有未来。其实作为普通人，除了关注眼前的利益之外，应该更多地站在未来看现在，我们要关注未来的机会，而不是眼前的问题，这才是我们该做的重要的事。

61
先让自己活着，
然后给自己的灵魂找一个家

橙：马院长，挣钱不重要了吗？你为什么要放弃很多挣钱的机会？

马：通常人在满足基本的生存需求之后，下一步的追求应该是什么？

橙：精神追求？

马：一般的个体户、暴发户有了钱之后会追求什么？

橙：买豪车、换大房子，追求更多的物欲享受。

马：那我呢？

橙：你应该是在追求精神方面的东西。

马：你的启发是什么？

橙：看来有的人能吃饱饭了就会追求精神方面的东西，有的人吃饱了饭还想吃更多。

马：其实是这样的。作为一个成年人，首先要承担自己该承担的责任，其实就是为他人考虑，去做作为父母、子女、员工或老板该做的事。这时候，你想做什么并不那么重要，你该做什么是第一位的。其次是为实现自己的精神追求，做自己想做的事，为自己而活，拒绝自己不想做的事和不想见的人，为此可以得罪任何人。当看到这个世界某些不理想的地方时，总想去改变。

也就是说，一个人在活着都有困难的时候，活着是第一位的，这时有没有尊严无所谓，是不是个人也无所谓，即便是你想做人，有些人也不会把你当人看；当能活得衣食无忧的时候，尊严是第一位的，那就要做一个真正意义上的人。"如何活着"是第一追求，之后就要为自己的灵魂找一个家，也就是要有灵魂上的追求，可以安放自己的灵魂。

62
无知要比博学更容易产生自信

橙：马院长，为什么股份不能平分？

马：考试过后，一个成绩好的同学和一个成绩差的同学，谁会对自己的估分更高？

橙：成绩差的。

马：那如果两个人平分股份，通常能干的人和不能干的人谁会认为自己贡献大？

橙：不能干的反而会认为自己贡献大。

马：他们两人一旦有了矛盾，问题容易解决吗？

橙：不容易。

马：笨蛋通常情商高还是低？

橙：低。

马：这个问题背后的原理就是著名的达克效应，主要有下面四点内容：

（1）能力差的人通常会高估自己的技能水平；

（2）能力差的人通常不能正确认识其他真正有此技能的人的水平；

（3）能力差的人无法认知且正视自身的不足，及其不足之极端程度；

（4）如果能力差的人能经过恰当的训练大幅度提高其能力水平，他们最终会认知到且能承认他们之前的无能。

达尔文也说过类似的话：无知要比博学更容易产生自信。

63
为什么朋友圈晒吃喝的多，晒思想的少？

橙： 马院长，为什么朋友圈晒吃喝、晒生活的多，晒思想的少啊？

马： 你和朋友聊天，谈肤浅的问题更容易谈得来，还是谈深刻的问题更容易谈得来？

橙： 肤浅的，最好是八卦。

马： 你发好玩的朋友圈点赞的多，还是发严肃的点赞的多？

橙： 好玩的。

马： 一个没有精神追求的人，更喜欢用什么证明自己的存在感？

橙： 到处炫耀自己的吃喝玩乐。

马： 你的启发是什么？

橙： 因为我们都是俗人，所以朋友圈里晒吃喝玩乐的点赞多。

马： 其实是这样的。人与人的交往在肤浅层面上是比较容易的，一旦深刻起来就容易产生冲突。那些有思想的人会对看不惯的现象本能地进行批判，但他们只要说真话，就会被当成异类不被理解，被排挤、被孤立、被讥讽……所以这些人慢慢地就不说话了，不再合群，保持距离，选择沉默。还有就是太多的人对精神层面的追求无感，或者说精神需求很难实现的人，就会本能地用吃好、玩好、穿好、用好等物质享受来体现自己的优越感和幸福感，进而来寻求自己的存在感，来获取精神上的慰藉，但这些行为与动物的需求和欲望在本质上是没有差异的。

下面几句话说的也是这个道理：精神贫瘠的群体从来不会用良知、文明来展现自己的聪明才智，而是用对于弱者的欺压来表现自己的强大，用奢华的吃喝用度来体现自己的物质富裕，借此展现自己的优越。

64
我们苟且一生是否能过上自己想要的生活？

橙： 马院长，怎么衡量生活质量啊？我想有高质量的生活。

马： 那要看你有多少闲暇时间去做自己想做的事。闲暇代表人生的精华。

橙： 我光工作了，连做梦都是工作，哪有闲暇时间啊！

马： 我更是这样，到50岁了还天天工作，一辈子处于谋生状态，没有一点自己的业余爱好，活得又累又无趣。这些让我失去了觉醒和思考的能力，而这才是人生最终的价值。

橙： 为什么会这样？多可怜呀！

马： 其实，陈寅恪早就告诉了我们答案，他说：我们这块土地、这些人，终其一生，大多所行，不过苟且二字。所谓风光，不过苟且有术；行路坎坷，不过苟且无门，基本不过如此而已。

65
你幸福吗?

橙： 马院长，你为什么总说人格是平等的？

马： 网上有一个测评结果，哪个国家的幸福指数最高？

橙： 不丹。

马： 为什么？

橙： 应该是他们知足常乐吧。

马： 那幸福和财富有关系吗？

橙： 没有太大的关系。

马： 如果一个社会不是人人相互尊重的平等社会，那就会是一个相互欺负的不平等社会。在一个不平等社会中，人与人之间会有爱吗？一个人会有尊严吗？一个人没有尊严会有幸福吗？你被欺负了敢反抗吗？没有尊严的人会有独立的思考吗？会有创造力吗？

橙： 都不会。

马： 所以我们要推崇人格平等，建立人人平等的社会，那样的话人与人之间没有高低贵贱之分，有钱有势的人不会觉得自己高人一等，无钱无势的人也不会觉得自己低人一等。人人有尊严、有人格，彼此相互平视，不会拼命追求名利和地位并以此到处炫耀，各自安好，互不打扰，各自追求各自的幸福。因此，建立一套符合人性、人人平等、和谐相处的伦理道德和制度体系远比科技发达重要，也就是我们经常听说的物质文明与精神文明两手抓，两手都要硬。这样的话，整个社会都和谐平等，人们也会感到幸福安乐。反之，即使生活在科技发达的社会，如果贫富撕裂，人和人之间不平等，人们也会麻木不仁，感受不到幸福。

有人曾经说过，主要有三点阻碍人类社会的进步：第一，思维缺少独立性和创造性，形成盲从的羊群效应；第二，待人缺少平等精神；第三，对权力的极度崇拜。

66
永远要敬畏生命

马： 前几天西安流产那个孕妇为什么被多家医院拒诊？

橙： 因为防疫要求啊。

马： 既然医院都在按照要求去做，那么是什么原因让怀孕 8 个月的孕妇流产？

橙： 不知道。

马： 经营医院的目的是什么？

橙： 救死扶伤。

马： 他们救了吗？

橙： 没有。

马： 他们有错吗？

橙： 好像没有。

马： 是的，他们都是在僵化地执行抗疫措施，他们都没有错，但他们却让那个孕妇流产了。

67
不贪婪是一种克制，
不妄言是一种自律

橙： 马院长，什么是天道与人道？什么是道？

马： 道就是事物的规律、本质。

橙： 天，指的是什么？

马： 上天、大自然。

橙： 人呢？

马： 人就是指做人。所以，天道就是自然之道，更多的是指自然和社会运行的规律，懂天道就是要学会看穿事物的规律。人道就是人伦之道，也就是人的思想和行为，懂人道就是要学会洞察人性的本质。简单来说，天道就是规律，人道就是人性，合在一起就是所谓的"天机"。用稻盛和夫的一句话来说，就是：敬奉天理，关爱世人！

橙： 知道了天道与人道有什么用吗？

马： 幸运时常眷顾那些懂天道和人道的人。梭罗曾说："世界万物所展现的多面，唯有本质才能唤起最根本的觉醒！"老子曰："有道无术，术尚可求；有术无道，止于术。"虽然你不能改变这个世界，但你能够改变自己的世界。你会知道什么是"君子不立危墙之下"，什么是"远离鸡群，而不是鹤立鸡群"。

橙： 那怎么才能做到你说的这些呢？

马： 一个人的欲望越浅，对天机洞察的就越深。不贪婪是一种克制，不妄言是一种自律。还有就是，经历多了就知道了。

68
远离平庸之恶

橙： 马院长，什么是平庸之恶？

马： "平庸之恶"一词源于政治哲学家汉娜·阿伦特的著作——《艾希曼在耶路撒冷》的副标题。书中讲述了在1961年，以色列对"纳粹屠夫"艾希曼进行审判。二战期间经艾希曼签署命令，屠杀了超过500万犹太人。阿伦特作为一名幸存的犹太人，全程旁听。阿伦特发现，艾希曼不仇恨犹太人，他只是非常忠实地执行命令，一味地顺从"主流"规则。艾希曼并不残暴，也不是恶魔，但他有"一种超乎寻常的浅薄"，"不是愚蠢，而是匪夷所思地、非常真实地丧失了思考能力"。阿伦特还指出，当罪恶的链条足够长，长到无法窥视全貌时，那么每个环节上作恶的人都有理由觉得自己很无辜。阿伦特还告诫我们,当一个人拒绝思考时,他就交出了最为人类所独有的特质,因此他不再有能力做出道德判断。这种思考的无能,让许多普通人可能犯下骇人听闻的罪行。她还告诉了我们"平庸之恶",所有的恶都是平庸的,只有善是深刻的,只有思考才是作为人的存在本质。

69
你的领导是怎样管你的?

橙: 马院长,管理的目的是什么?

马: 如果让你带一个小徒弟,你凭什么让他跟着你?

橙: 我教他真本事,让他好好成长。

马: 你怎样让他的父母放心?

橙: 我不带他学坏,带他好好做人。

马: 那你的启发是什么?

橙: 既要教给他真本事,还要看着他不要学坏。

马: 其实是这样的。管理不是我们通常理解的控制别人、限制别人、压制别人,让别人听你的。管理真正的本质是激发人的潜能,释放人的善意,然后让跟着你的人人生有意义、有价值。

橙: 哦,那我就按照你说的,好好教我的小徒弟。

70
年轻时最重要的不是让自己有钱，而是让自己值钱

橙： 马院长，我想兼职做副业可以吗？

马： 你为什么要兼职去做副业？

橙： 挣点外快呀。

马： 即使你做了三个副业，和一个高管相比，你俩谁的收入高？

橙： 他收入高。

马： 如果你俩将来退休了，谁对自己的退休生活更有自信？

橙： 他呀，他的身价那么高。

马： 你的启发是什么？

橙： 我还是集中精力在一个领域里做好吧。

马： 其实是这样的。自古有一句话叫：百事通不如一事精。我们年轻的时候，千万别为了看风景而忘了赶路。年轻的时候谁都缺钱，但是对年轻人来说挣钱不是最重要的。年轻时最重要的不是让自己有钱，而是让自己值钱。通过个人奋斗，提高自己的能力才是最重要的。有了能力才有未来；钱是会贬值的，有钱不一定能给你带来未来。

71
老板不搭理我，就是不喜欢我吗？

橙： 马院长，老板不喜欢我怎么办？

马： 怎么不喜欢你了？

橙： 我早上和他打招呼，他没搭理我。

马： 别人和他打招呼，他搭理了吗？

橙： 都没搭理。

马： 如果都没搭理是不喜欢你吗？

橙： 看来不是，应该是他心情不好。

马： 是什么原因让他心情不好的？

橙： 哦，我想起来了，他助理说他老婆和他吵架了，因为脸上有抓伤的痕迹，还用帽子盖着。

马： 那他不搭理你的原因是什么？

橙： 他被老婆抓伤了，心情不好，谁都不愿意搭理。

马： 那是不喜欢你吗？

橙： 看来不是，是我想多了。

马： 那你的启发是什么？

橙： 我不能从情绪上看问题，还是要看到底发生了什么事。

马： 确实是这样的。

72
招聘看重学历，但自己学历低怎么办？

橙： 马院长，你招聘为什么非要招 985、211 院校毕业的学生啊？学历低的也有很优秀的，你这不是在歧视人家吗？

马： 你买衣服会看牌子吗？

橙： 看！

马： 小品牌的衣服不是也有好看的吗？你怎么不买呢？

橙： 筛选的成本太高了。

马： 那你的启发是什么？

橙： 你看重学历是为了降低招聘成本，而不是歧视低学历的人。

马： 其实是这样的。品牌相当于厂家的承诺，买好品牌的东西的本质是为了降低选择的成本，以防买到假货。看重学历和看不起低学历的人本质上是没有关系的，老板只不过是为了降低他的选人成本，提高招聘效率。

橙： 那低学历的人是不是就很难找到好工作了？

马： 很多刚成立的企业推出的产品也没有品牌，那他们是怎么卖出去的？

橙： 也是。

马： 我们首先要承认自己的不足，不要自暴自弃，天无绝人之路，只要想办法就能找到办法。

73
给自己设限，给他人设限，是对发展最大的阻碍

橙： 马院长，给自己设限、给他人设限对吗？

马： 举个例子，很多人都觉得现在医学领域创业已经没什么发展了，其实没那么绝对。比如，你需要护理时有人管你吗？你需要康复时有人管你吗？你需要推拿时有人管你吗？对一个病人来说，是做手术花钱多，还是后来的康复、理疗花钱多？所以，大家一定要知道一件事，就是产品本身赚不了多少钱，而产品之后的服务才赚钱，服务需要的不是高学历。我们太多的人是在给自己设限，因为我们自己思维的懒惰给自己设限，这是第一个毛病。

第二个毛病是又给别人设限。特别是当爹妈的，拿自己思维的懒惰又来限制孩子，这是极其要不得的逻辑。很多东西你看不透，然后就开始胡扯找借口。我有一个同学，高中时学习不好，野鸡大学毕业后去了北京的一个不起眼的公司，现在是个小领导了，现在这个公司是一个很知名的物流公司。你知道，前些年的物流都是边缘行业，学历高的孩子不愿意去。你要是10年前去做物流，不管是做外卖还是快递，都被认为是不入流的单位，好孩子是不愿意去的，但是它近些年急剧扩张，你要是勤奋再加上用心和努力，很容易就能成为一个小片区的负责人。很多企业家都是从物流公司的老板起

来的，谁说物流行业没有机会了？

是你思维的懒惰、思维的贫穷，才导致你财富的贫穷。人还有一个毛病是越贫穷的人越喜欢找借口，自己能力不行和自己没关系，都是外界欠他的。

这些人还有一个毛病，就是他自己不思考，还喜欢用他固有的认知限制别人的认知。做父母的经常有这个毛病，就是他自己不思考、不自律，但要求孩子自律。说白了就是当父母的，你要求他自律很难，比如他的工作不好，但你让他看书他不看，让他好好工作，他又不好好工作，不过他要求孩子却很严格。这就是双标。

不要给自己设限，把自己困在认知的牢笼里，不要懒于思考，不扩大、不提升自己的认知广度和深度，却要用自己的认知给别人设限，阻碍别人的成长。

4
CHAPTER

感谢那些
折磨你的人

74
有了能力才有钱，
而不是有了钱才有未来

橙： 马院长，我很在乎钱有错吗？我就想挣很多钱。

马： 你身边什么样的人更在乎钱。

橙： 没钱的人。

马： 其实是这样的，越没钱的人越在乎钱。你比如说农民工打工的时候，有些人是按天结算的，一般员工是按月结算的，公司高管是按年结算工资的。老板从投资到挣钱，通常是按十年来计算他的个人报酬的，当然更优秀的人，他的所谓的工资周期就更长。你的启发是什么？

橙： 优秀的人看的是未来，不是眼前。

马： 其实是这样的。人在年轻的时候，应该更看重未来，不断提高你的能力，然后你把能力提高了，钱就是你能力的副产品，它自然而然就来了。

橙： 那我得珍惜现在的机会，提高自己的能力，为了挣更多的钱。

马： 年轻的时候不要指望挣很多钱。年轻的时候即便是很有钱，将来你也可能没钱，钱与德才不匹配，将来依然没有钱。钱是在贬值的，而能力是在不断升值的。人在年轻的时候千万别把顺序弄颠倒了，是因为有了能力才有钱，而不是因为你有了钱才有未来。

橙： 知道了，那我好好奋斗。

75
如何应对未来的不确定？唯有行动

橙： 马院长，我很焦虑怎么办啊？

马： 你焦虑什么？

橙： 不知道该回老家还是去大城市发展，不知道这份工作该不该坚持，也不知道自己适合哪个行业，不知道我将来的对象是什么样……

马： 什么样的人对未来不焦虑？

橙： 有本事的人。

马： 其实是这样的。一流的医生对未来焦虑吗？

橙： 不焦虑，走到哪里都有工作，有饭吃。

马： 如果有一个农民，他的土地旁边有一个水库，他对未来焦虑吗？

橙： 不焦虑。

马： 你的启发是什么？

橙： 我得成为有本事的人。

马： 其实是这样的。你要么在一个领域里数一数二，要么就像上面那个农民一样，为未来做好足够的储备。

橙： 明白了。

马： 如何应对未来的不确定？唯有行动。其实人生的精彩和意义，就在于未来的不确定性，然后通过我们个人的努力，去创造更多的可能性。

76
像小孩儿一样对任何陌生事物都保持一种好奇心

橙：马院长，如何向别人学习呢？

马：你喜欢别人表扬你，还是批评你？

橙：表扬我。

马：但哪个能让你成长？

橙：批评。

马：那你的启发是什么？

橙：良药苦口。

马：关键是你喜欢吗？

橙：不喜欢。

马：那你的启发是什么？

橙：我虽然想要成长，但还是希望别人表扬我，不愿意听到批评的话。

马：所以你会发现，成长其实是个伪命题。我们都喜欢成长，但是我们却拒绝批评，喜欢表扬。因此你会发现，优秀的人永远是少数。当我们面对批评的时候，我们一定要转换一种态度，叫闻过则喜，知过不讳，改过不惮。

橙：我知道了，我改。

马：再问你一句话，小孩儿对陌生事物的反应是什么？

橙：摸一摸，咬一咬。

马：狗对陌生事物的反应呢？

橙：汪汪乱叫。

马：那你的启发是什么？

橙：当我们遇到新鲜事物的时候，不能一上来就否认或乱叫，应该怀有一颗好奇的心去琢磨研究。

马：其实是这样的。面对陌生事物，如果我们本能地去反对，这样就会阻碍我们的成长。我们应该像小孩儿一样对任何陌生事物都保持一种好奇心。对别人不满会让自己焦虑，对自己不满才会让自己有前进的动力，所以我们面对批评，要虚心接受。面对陌生事物，特别是自己不熟悉的事物，永远要保持一颗好奇心，学会和智者同行。有句话说得好：你能走多远，要看和谁在一起。

77
优秀的人不会因为你不优秀而看不起你，而是因为你虚伪偷懒才看不起你

橙：马院长，我和优秀的人在一起有压力怎么办？

马：有什么压力呢？

橙：比如，我和你说话的时候就很害怕，心里慌啊。

马：幼儿园的小孩儿和我在一起有压力吗？

橙：没有。

马：那你的启发是什么？

橙：可能是我有太多的顾虑，所以才会有压力。

马：其实是这样的。有压力代表你的内心希望成为一个优秀的人，但同时你又怕被别人看不起，担心自己的能力不足而露馅，所以有压力。但你要记住，<u>胆识源于正直</u>。俗话说得好，心底无私天地宽。坦然地面对自己的不足，虚心学习就好。优秀的人不会因为你不优秀而看不起你，而是会因为你虚伪偷懒看不起你。

78
做事急功近利怎么办？
还是倒霉的少

橙：马院长，我做事太急功近利怎么办？

马：你倒霉多了就知道了。

橙：可是我已经很倒霉了。我知道我这个毛病。

马：应该还不够，还是倒霉的少。

橙：为什么呀？

马：你倒霉多了就不会问我了。

橙：好吧。

79
你有什么样的价值观，就有什么样的未来

橙： 马院长，我该不该义务加班？

马： 你工作的目的是为了什么？

橙： 挣钱，提高自己的能力，有一个更好的发展平台。

马： 如果这三个只能选一个，你选哪一个？

橙： 挣钱吧。

马： 如果你是为了挣钱，让你义务加班，你会认为自己吃亏了还是占便宜了？

橙： 吃亏了，公司又没给我加班费。

马： 那你心情好还是不好？

橙： 不好。

马： 如果你是为了发展，当你义务加班的时候，心情好不好？

橙： 好，因为公司给我机会成长了。

马： 你的启发是什么？

橙： 我有什么样的心态，就有什么样的行为。

马： 其实是这样的。你如何看待工作，其实背后都是一个道理——你怎么看待事物，就会有什么样的心态。当你认为工作只是为了挣钱的时候，你加班时的心态就会是负面的；当你认为工作是珍贵难得的，是为了锻炼自己、提高自己的能力的时候，你在加班时就会有一种喜悦的心情。其实这刚好验证了一句话：你有什么样的价值观，就有什么样的未来。

80
太多的人是在把欲望当理想，把圆滑当成熟

橙： 马院长，工作压力大怎么办？

马： 如果让你选择给小学生讲课，或者给大学生讲课，哪个对你来说压力大？

橙： 给大学生讲课。

马： 为什么？

橙： 我们水平差不多，难糊弄，我怕搞砸了。

马： 那你的启发是什么？

橙： 压力大可能是我的能力不够。

马： 其实是这样的，我们的很多压力来自目标和能力之间的差距。我再问你，类似"扫地僧"那样的人，他们的追求也很高，还都是顶尖高手，他们的工作压力大吗？

橙： 不大。

马： 为什么？

橙： 他们一门心思工作，两耳不闻窗外事。

马： 他们刚开始工作的时候，目标和能力之间的差距也是很大的，他们为什么没有压力？

橙： 因为他们专注做自己喜欢的事，心里装不下别的事。

马： 其实是他们对所谓外在的虚头巴脑的名利不那么看重。我们这辈子更多的压力，其实就是来自对名利的追求。如果我们

追求外在的名利，求之不得或者得而复失、失而复得都会被名利所累。我们有些人是在把欲望当理想，把圆滑当成熟，所以无形中就给我们带来了压力。

如何降低我们的压力呢？第一个就是提高自身的能力，第二就是降低名利对我们的诱惑，看淡得失，压力自然会减轻。所以，最好还是把焦点放在提高自己的能力和做人上，向内求自然会心安，向外求自然会焦虑。

81
学会说"不"的背后，说明我们有了独立的人格

橙： 马院长，我不会拒绝别人怎么办？总是被强迫做一些不想做的事，搞得自己也很痛苦。

马： 一个仆人通常敢拒绝主人的要求吗？

橙： 不敢。

马： 主人会拒绝仆人的要求吗？

橙： 会。

马： 如果主人拒绝了仆人，主人会有压力吗？

橙： 不会。

马： 你的启发是什么？

橙： 我们都是独立的人，我可不能给他们当仆人，以后还是该拒

绝的时候就拒绝。

马： 其实是这样的。学会说"不"的背后，说明我们有了独立的人格，可以有尊严地去做自己。如果我们不会拒绝别人，不会说不，只能说明我们人格上还没有独立。我们从心理上对别人有太大的依赖，害怕失去某种依赖才不敢说不，所以学会拒绝别人，学会说不，本质上和道德无关，和我们的独立人格有关。我们能做就做，不能做就不做。孟子说："穷则独善其身，达则兼济天下。"一切依据我们的能力行事就好了，包括父母对我们的要求也是一样，能做就做，不能做就拒绝。

82
等你内心强大了，就不再害怕孤独了

橙： 马院长，我很孤独怎么办？
马： 你怎么孤独了？
橙： 我经常一个人，下了班就不知道该干啥。
马： 你怎么不找朋友玩呢？
橙： 觉得没有意思。
马： 你宁愿做真实的自己，还是愿意随波逐流？
橙： 我愿意做真实的自己。
马： 朋友多了更能做真实的自己，还是朋友少了更能做真实的自己？

橙：应该是少吧。

马：那你的启发是什么？

橙：看来做自己就会比较孤独。

马：其实是这样的。我们有些人因为害怕孤独而失去了自我，但是有些人为了做真实的自己，宁愿选择孤独，所以你为了坚持自己的理想就不要害怕孤独。好好地努力工作，让自己尽快成长，等你内心足够强大了，就不再害怕孤独了，而会像狮子王一样伫立在山头，享受成功后的独处。

橙：哦，我好像明白了。

83
生命中曾经拥有过的所有灿烂，终究都需要用寂寞来偿还

橙：马院长，越长大越不开心怎么办？

马：小狮子开心，还是当了狮子王以后开心？

橙：小狮子。

马：那它可以不长大吗？

橙：那不行，早晚要长大的呀，它妈妈也不能一直保护它。

马：那你的启发是什么？

橙：即使不开心，我们也没法拒绝成长。

马：其实是这样的。你小时候之所以开心快乐，是因为有人替你

负重前行。成长的代价就是要失去过去所拥有的，而且一路还伴随着痛苦。只有这样才会让你成为更好的自己，让你知道珍惜自己，珍惜你碰到的有缘人。

橙：那你开心吗？

马：终有一天你会明白，<u>生命中曾经拥有过的所有灿烂，终究都需要用寂寞来偿还</u>。

84
爱着急与人的能力和阅历有关

橙：马院长，我爱着急怎么办？

马：老年人和年轻人通常谁爱着急？

橙：年轻人。

马：有能力的人和没能力的人通常谁爱着急？

橙：没能力的人。

马：那你的启发是什么？

橙：看来我是那个又年轻又没有能力的人。

马：其实是这样的。爱着急和事情本身无关，和遇到这件事情的人的能力和阅历有关。所以，要尽可能地提高自己的能力，尽可能地磨练自己的心性，让自己更加包容，拥有更大的对事物的驾驭能力，慢慢地遇到事情就不着急了。

橙：好。

85
当你动机不纯的时候，会有好的结果吗？

橙：马院长，我大学毕业了要考研还是找工作？

马：你考研究生的目的是什么？

橙：找个好点儿的工作。

马：你喜欢什么样的工作？

橙：收入高点儿的，轻松点儿的。

马：你家有钱吗？

橙：没有。

马：你喜欢做研究吗？

橙：不喜欢。

马：如果你读了3年研究生后毕业，那个时候竞争更激烈，工作会好找吗？

橙：我不知道。

马：和你同时毕业但没读研究生的已经有了三年工作经验，做的好的可能都会升职加薪了，你拿什么竞争？

橙：我只有学历，没有经验。

马：学历重要还是经验宝贵？

橙：经验。

马：你现在骨子里其实是面对现实的一种逃避心理。通常你有这种心理时会有好的结果吗？当你动机不纯的时候，会有好的结果吗？

橙： 不会。

马： 你有什么启发？

橙： 那我就不考研究生了，还是跟着您好好干吧。

马： 其实是这样的。你踏踏实实工作就好了，就不要三心二意了。

86
人有一个通病，就是你越没有什么就越在乎什么

橙： 马院长，我特别想让别人看得起我，这样好吗？

马： 你为什么要那样？

橙： 有面子啊，我开心啊。

马： 你现在有让别人看得起你的资本吗？

橙： 我刚毕业什么都没有。

马： 什么样的人会特别在乎别人的看法？

橙： "玻璃心"的人。

马： 我在乎别人的看法吗？

橙： 你才不在乎呢！你是个老江湖，还常自黑呢。

马： 你的启发是什么？

橙： 即使我现在再在乎，别人也不会看得起我。我应该向你学习，自我奋斗，站到你的高度，那个时候我就不在乎别人看不看

得起我了。

马： 其实是这样的。人有一个通病,就是越没有什么就越在乎什么。面子既不能当饭吃,也不能证明你的能力,所以面子是一分钱不值的。我们在年轻的时候一定要勇于面对现实,承认自己的不足,做真实的自己,为自己而活。只有这样才能让自己踏踏实实地成长,让自己的内心慢慢强大起来。等到有一天你真正内心强大了,有很多人看得起你、崇拜你了,你反而觉得无所谓了。

87
要么庸俗,要么孤独

橙： 马院长,我很寂寞怎么办?
马： 你怎么寂寞了?
橙： 我没有朋友。
马： 是你不愿意搭理别人,还是别人不愿意搭理你?
橙： 我不愿意和他们玩。
马： 如果让你去迎合别人,让你有很多朋友,那样你是不是就不寂寞了?
橙： 可是做自己不愿意做的事情应该会更累、更寂寞。
马： 那你的启发是什么?
橙： 看来我寂寞也是正常的。

马：其实是这样的。你这不叫寂寞，你这叫孤独。寂寞是别人不搭理你，孤独是你不搭理别人。有一句话说得好，要么庸俗，要么孤独。孤独是优秀的起点，说明你已经开始优秀了。只有一个非常孤独的人，才知道自己想要的是什么。

88
人最怕的就是到了一定的高度，小富即安，天天混吃混喝

橙：马院长，三四十岁遭遇中年危机怎么办？
马：任正非、曹德旺他们都是什么时候创业的？
橙：40多岁吧。
马：那这个年龄段的人是没用了吗？
橙：看来也不是。
马：那有的人为什么会遭遇中年危机呢？
橙：是不是和他们自己有关系？
马：那你的启发是什么？
橙：危机可能和年龄没有关系，和能力有关。
马：30岁到40岁，这个年龄段正是创业或者是合伙创业的好时候，哪怕是打工也是很好的时候，很多人在这个年龄段被辞退，其实和年龄无关，和他们背后的心态有关。人最怕的就是到了一定的高度，小富即安，天天混吃混喝，放弃了成长，

把未来寄托在一个平台上。他们从来不去思考这个平台凭什么让你依靠，一旦你没了价值，平台把你换掉是很自然的事。所以，我想说这个年龄段的人，如果遭遇到了中年危机，只要好好地去反思是什么原因导致的，明白了这些原因之后，什么时候从头再来都不晚，生命其实是一种状态。

89
感谢那些折磨你的人

橙： 马院长，客户要求太苛刻，怎么办？

马： 都怎么苛刻了？

橙： 对产品的质量要求高，还跟我讲价。

马： 他们是你的目标客户吗？

橙： 是。

马： 如果你满足不了他们的要求，但竞争对手满足了他们的要求，会是什么样的结果？

橙： 客户就跑了，不是我的客户了。

马： 你的公司也就失去了竞争力。那你的启发是什么？

橙： 我要尽可能地满足客户的需求，这样的话我们公司的竞争力就强了。

马： 说得非常好，其实苛刻的客户对我们来说反倒是好事，他倒逼你提高竞争能力。自古有一句话叫，嫌货才是买货人。很早的时候，日本松下对京瓷的要求非常苛刻，但是产品采购价格却非常低，当时稻盛和夫在管理京瓷，他就想尽一切办法满足松下的要求。后来经济危机来了，京瓷的竞争对手都倒下了，京瓷活了下来。

橙： 看来我们应该感谢那些折磨我们的人。

90
创新最好的起步方式就是模仿

橙： 马院长，实体店还有希望吗？
马： 你是做什么的？
橙： 我是卖衣服的。
马： 实体店卖衣服，有卖得很好的吗？
橙： 有，他们开的都是连锁店、大店。
马： 一开始，他们开的都是连锁店和大店吗？
橙： 那倒不是。
马： 那一开始开的是什么？
橙： 也是像我现在一样，这种小店。
马： 你的启发是什么？
橙： 看来还是我的问题。
马： 没有不好的行业，只有不好的企业；不是实体店不行了，是你的小店没有客户了。

橙：是啊，但我还是不知道该怎么做。

马：其实创新最好的起步方式就是模仿。你可以看看大城市里的这些小的个体店，或者国外的那些小的个体店，或者那些知名的大店，做得很好的背后逻辑是什么，利润背后的道理是什么，然后你去模仿、去对标，或者是错位模仿，你慢慢就会找到感觉。

橙：好，我试试。

91
谁都给不了你安全感，唯有能力才能给你安全感

橙：马院长，为什么公司不能是家呀？

马：为什么你希望公司像家？

橙：那样安全啊，能给我安全感，像有些大企业那样永远都不开除人就好了。

马：安全了，你还会有那么高的工作积极性吗？

橙：不会了。

马：如果你工作不那么积极了，公司倒闭了，你还安全吗？

橙：那我也失业了。

马：那你的启发是什么？

橙：我们不能自己去追求安逸，那样"死"得更快。

马： 你一旦追求了安逸就会失去竞争力，一旦失去了竞争力就会全盘皆输。其实公司和员工本质上是一种契约关系，你给公司创造业绩，公司给你发薪水，当你不能创造业绩的时候，公司自然要解雇你，因为公司也要生存，也要为其他员工考虑。

橙： 我明白了，我还是要好好工作才行。

马： 这就对了。切记谁都给不了你安全感，唯有能力才能给你安全感。

92
只有你的工作不能被替代，你才会有安全感，才会有高收入

橙： 马院长，工作太难了怎么办？

马： 怎么难了？

橙： 领导经常给我安排一些别人做不了的事。

马： 如果你的工作很简单，别人都能做，可以随时替代你的工作，这样你感觉舒服吗？

橙： 不舒服。

马： 为什么？

橙： 那我肯定不值钱，谁都能替代。

马： 那你的启发是什么？

橙：看来领导给我安排的工作难，反倒是好事。

马：其实是这样的，只有工作难才对你的成长有意义，工作容易，对你的成长没有任何意义。我们工作的目的，就是要做别人做不了的事，不然你的存在就失去了意义。在职场中永远存在着两种博弈：老板想尽一切办法要让所有人的工作都可以替代，只有这样，公司的用工成本才会降低。但是作为我们个人，一定要做到：谁都可以被替代，但我不能被替代，不然的话，你的存在就没有安全感。只有你的工作不能被替代，你才会有安全感，才会有高收入。我们在职场上，千万不要为了工作而工作，不要为了应付工作而工作，一定要做更有价值、更有意义特别是有难度的工作，不然我们就会白白地浪费青春。

93 在人生路上我们并不是没有机会，只是没有准备

橙：马院长，领导总批评我怎么办？

马：他怎么批评你了？

橙：对我要求特别严格，天天找事，烦死我了。

马：他对别人也这样吗？

橙：没有。

马：通常领导对看好的员工要求严格,还是对他不看好的员工要求严格?

橙：对看好的。

马：那你的启发是什么?

橙：看来是我误会了。他是因为看好我才对我要求严格的,可他为什么不直接告诉我呢?

马：如果领导告诉你他很看好你,你再做事,是很自然地在做事,还是有些刻意地在做事?

橙：刻意。

马：领导看好一个人,或者不看好一个人一般都不会事先告诉他。就像我们不喜欢一个人也不会告诉他一样,所以在人生路上我们并不是没有机会,只是没有准备。太多的人错过了太多的这样的机会,同时也错过了别人的一番苦心。我问你,领导批评你的时候,你难受,领导心里舒服吗?

橙：他也不舒服。

马：他比你更痛苦,比如我批评别人的时候,就容易肝火旺盛,还会脾虚、肾虚。领导批评人的时候,他的心理也是有压力的,他也害怕被批评的人顶不住压力而离开,最终是两败俱伤。

橙：那样的话确实是很遗憾。

马：人生就是要减少遗憾。在职场要能沉得住气,知道批评与被批评的本质。

94
时间是公平的，
不会辜负你每一份努力

橙： 马院长，老板偏心怎么办？

马： 是真偏心还是你工作没做好，让老板生气了？

橙： 他真偏心。

马： 如果真是老板偏心，你又自暴自弃，刚好说明了什么？

橙： 说明了别人比我优秀，他还偏心对了。

马： 那你的启发是什么？

橙： 有时候还真不一定是老板偏心，可能是我小心眼了。即便他再偏心，我还是得好好工作，不然的话就正好证明他偏心还偏对了。

马： 其实是这样的，你不要管别人怎么看你，你首先要相信自己，一如既往地把工作做好。对待问题，有则改之，无则加勉。你一定要相信时间会说明一切，虽然没有绝对的公平，但时间是公平的，不会辜负你每一份努力。

橙： 又给我治愈了。

95
世上存在着不能流泪的悲哀

橙： 马院长，我不如意的时候可以向别人诉苦吗？

马： 你希望自己过得更好，还是身边人过得更好？

橙： 自己。

马： 如果别人过得比你好呢？

橙： 心里会有一点不舒服，但也不会特别嫉妒。

马： 如果你比别人过得好呢？

橙： 那我就真的很开心。

马： 你的启发是什么？

橙： 看来人都是自私的。

马： 通常人们对幸福的判定标准，是建立在对别人的优越感之上的，所以有些人从来不是享受事物本身，而是享受事物带来的优越感。这种不正确的心理导致人与人之间总喜欢相互攀比，甚至互相伤害，总想凌驾于别人之上，也就是普遍的"嫉人有，笑人无"的心态。所以，尽量不要向任何人诉苦，因为20%的人会因此而担心你，却无力提供有效帮助，剩下的80%的人听到后会不以为然，甚至心中窃喜。通常的场景就是，当你失败或失意的时候，身边总会出现一群"关心"你的人，他们会问你发生了什么事，听听你失败或失意的经验……然后就会摇摇头离开。

这个世界上除了父母亲人，很少有人希望你过得比他好。身边有些人，他希望你过得好，但是不希望你过得比他好，这就是人性。要知道人的90%的忧虑来自人际关系，如果你能享受独处，特别是在失意的时候，你就能免去大部分烦恼。正如村上春树所说：世上存在着不能流泪的悲哀，这种悲哀无法向人解释，即使解释，人家也不会理解。

96
一个人的强大从学会拒绝开始

橙：马院长，我太善良了怎么办？

马：你怎么善良了？

橙：同事经常让我帮忙，我本来就很忙，但又不好意思拒绝。

马：你这样做的后果呢？

橙：自己的工作耽误了，同事让我帮忙的事也没有做好。

马：你这是善良，还是没有原则呢？

橙：好像是没有原则。

马：你的启发是什么？

橙：穷则独善其身，达则兼济天下，我们首先要做的是照顾好自己。

马：还有要学会拒绝，<u>一个人的强大从学会拒绝开始</u>。让自己独立、自信，不要怕失去别人，不要怕得罪别人。一个人一生中能遇到1%完全懂你的人就够了，太多的人在我们生命中其实都是匆匆过客，所以不要无原则地善良，"小善似大恶，大善似无情"。

97
猪八戒会自卑吗？

橙： 马院长，我很自卑怎么办？

马： 如果今年你的业绩第一，公司给你发了100万元奖金，再奖励你一辆特斯拉，你还自卑吗？

橙： 不会了。

马： 你的启发是什么？

橙： 看来还是我的工作没做好。

马： 我认为多数心理问题是可以通过工作治愈的。你现在应该把更多的时间用在有价值的事情上，而不是天天坐而论道，怨天尤人，不行动、不改变就永远没有未来。再问你另外一个问题，猪八戒会自卑吗？

橙： 不会。

马： 你的启发是什么？

橙： 猪八戒不会在意别人怎么看他。

马： 自卑的人往往都是对外界反应比较敏感的人，其实也就是比较内向、聪明的人才会自卑。你要慢慢尝试接纳自己的不足，同时也要不断肯定和认可自己。

98
不要轻易依赖别人，它会成为你的习惯

橙： 马院长，我可以去考公务员吗？

马： 说说你的理由。

橙： 在家里有面子，工作稳定还轻松。

马： 你能保证你的工作一直都轻松吗？

橙： 不能，现在有很多公务员已经天天加班，不轻松了。

马： 现在国家在推进机构改革，你能保证一辈子工作稳定吗？如果到时候不稳定了怎么办？

橙： 我不知道。

马： 你的启发是什么？

橙： 看来我不能用现在的状态去判断未来，天上可没有掉馅饼的好事。

马： 公务员岗位对报考人员的要求是很严格的，最重要的是，你要具备全心全意为老百姓服务的决心和能力。而且，你不能过度依赖稳定，宫崎骏说过：<u>不要轻易去依赖别人，它会成为你的习惯，一旦分别来临，你失去的不是某个人，而是你的精神支柱。所以，无论何时何地，都要学会独立行走，它会让你走得更坦然些。</u>

99
做一个有原则的好人

橙： 马院长，做好人还有用吗？好人总是吃亏。

马： 发生了什么事？

橙： 好人没有好报，给别人帮忙越帮越忙，借钱给别人，别人也不还，这样的报道有很多。

马： 别人怎么只找你帮忙，不找别人，难道他就没有别的朋友了？

橙： 也是，我也挺纳闷的。

马： 你的启发是什么？

橙： 难道是我有问题吗？怕失去别人？

马： 其实是这样的，当你独立了，不怕失去别人了，有了自我了，你就敢于拒绝了。没有原则的妥协会让别人得寸进尺，以为你没主见；没有底线的原谅，会让别人认为你没有原则，是非不分。"小善似大恶，大善似无情"，所以做好人没有错，但你要做一个有原则的好人，或者首先做一个有原则的人。做好人也不是为了有用，而是因为这些事是对的。

100
悲观是一种远见：
警觉的动物才会长命

橙：马院长，你为什么总是很悲观啊？

马：一个正常人和一个傻子通常谁更快乐？

橙：傻子更快乐。

马：一个会思考的人和一个不思考的人谁更快乐？

橙：不思考的人。

马：你的启发是什么？

橙：看来是因为你是一个会思考的正常人。

马：其实我自我感觉还好。木心曾经说过：醒悟的人都有一个特征，就是心怀怜悯，能够透过人间苦难去思考什么是伪善、罪恶、公正与道德，冷漠和麻木的人是不屑于做这些事的。说到底，悲观是一种远见，鼠目寸光的人不可能悲观。大自然里警觉的动物才会长命，这个道理显而易见，只是多数人都不信。有的人不想思考，把命运托付给运气；有的人只相信眼前的岁月静好；有的人事不关己，高高挂起。但他们忘了一切都是自己选择的结果，都需要自己去承担，等知道疼的时候基本都无力回天了。

当然了，也并不是说乐观不好，特别是对于老板来说，乐观者能在灾祸中看到机会，悲观者能在机会中看到灾祸，所以通常企业在制定战略时要乐观地设想、悲观地计划、愉快地执行！

101
不要在该奋斗的年龄选择安逸

橙： 马院长，世界那么大，我想去看看，不想上班了。

马： 那你是愿意花自己的钱去看，还是花公司的钱去看？

橙： 花公司的钱好。

马： 你怎么才有资格让公司给你花钱呢？

橙： 看来我得当上高管才有资格让公司给我花钱。

马： 有钱后去看世界好，还是没钱的时候去看好？

橙： 有钱了之后。

马： 有一定的人生阅历后去看世界好，还是没有阅历去看好？

橙： 有了阅历之后好。没有阅历，你老说我们看了也看不懂。

马： 有了自己的事业之后去看好，还是没有事业的时候就去看好？

橙： 有事业之后好。有了事业之后再去看世界，心里很踏实，不用担心没有钱了。

马： 说"世界那么大，我想去看看"的那个老师现在怎么样了？

橙： 她开了一家民宿，同时又当了心理咨询师。

马： 她为什么没有去"周游世界"？

橙： 她结婚了，需要挣钱养家。

马： 你的启发是什么？

橙： 看来没有事业，再美的风景也与我无关。

马： 其实是这样的，不要在该奋斗的年龄选择安逸，奋斗是每一个人在成长阶段必须要承担的责任，为自己、为家庭、为孩子，而且奋斗本身就是最美的风景，它可以让你在做事中、在与不同的人合作中经历很多不期而遇的收获和惊喜，可以看到立体的人生。你还能在各自的路上奔跑时遇见志同道合的朋友，在努力中遇见更优秀的自己。在这个世上并没有那么多所谓有天赋的人，你所看到的很多优秀的人，都只不过是背后的努力和坚持的结果。

我不希望你像多数人那样，小时候认为自己将来一定会有出息，长大后觉得平庸也挺好，中年后觉得不倒霉就行了，退休后只等着抱孙子。我认为理想的人生应该是在该奋斗的年龄选择奋斗，在该安逸的年龄选择安逸。

102
合群是一种能力，不合群是一种智慧

橙： 马院长，我不合群怎么办？
马： 什么动物喜欢独行，什么动物喜欢成群结队？
橙： 猛兽总是独行，牛羊才喜欢成群结队。
马： 你的启发是什么？
橙： 看来我是猛兽？

马: 如果你是一只小羊呢?

橙: 那我就落单了,肯定会被猛兽吃掉。

马: 你的启发是什么?

橙: 当我还是小羊的时候,应该和大家在一起,等哪一天我成长为猛兽了,才可以独行。

马: 其实是这样的,在你成长的阶段还是要有基本的合群能力的,学会与人相处,学会合作、妥协,这本身就是工作能力的一部分,也是生活的一部分,你不能一个朋友都没有而脱离社会。如果做不到,就要好好反思,找出原因,是性格的原因,还是做事方法的原因,然后慢慢改变,融入进去。但也不要太在乎合群这件事,通常缺乏思想的人,需要大量的外部活动来分散自己的注意力,掩饰自己内心的极度无聊,把太多的时间和精力浪费在天天和一群"朋友"在一起,就很难有自己的思想,很难有成长,只会人云亦云。

群体累加在一起的,多半是愚蠢而不是智慧,因为群体中的个人才智被削弱了。在群体中能获得响应的只是大家都具备的寻常品质,那么这只会带来平庸,所以无论如何也要给自己留出独处的空间。当然了,随着你的成长,内心的强大,就可以慢慢地给自己留出更多独处的时间。不用刻意迎合谁,在独处中自省、自律、自强不息,自由自在,享受人生。

103
你能走多远，要看和谁在一起

橙： 马院长，我如何才能快速成长呢？

马： 草原上的树长得高，还是森林里的树长得高？

橙： 森林里。

马： 为什么？

橙： 有竞争，天天和高手过招，但是不如草原上的树活得舒服。草原上的树能得到充足的风、雨和阳光，还没别的树挤压它。

马： 人是环境的产物，让自己成长的最好方法不是看书，而是在一个高度竞争的环境里和高手在一起，时间久了，你也就成了高手，所以你能走多远，要看和谁在一起，成长就要选择和优秀的人同行。如果你选择了一个相对平庸的环境，慢慢地你也就和多数人一样了，而且你还会本能地给自己找一个合理的理由，就像加缪所说："荒谬是清晰的理性，它遵守其局限性。"

橙： 那和优秀的人在一起有压力怎么办？

马： 乔布斯说过："我特别喜欢和聪明人交往，因为不用考虑他们的尊严。"聪明人不是没有尊严，而是聪明人更关注自己的成长，时刻保持开放的心态，而愚者更关注自己的面子。

橙： 好吧，那我也不要面子了。

104
及时行乐一时爽，
但一直行乐悔恨长

橙： 马院长，我到底是应该及时行乐，还是奋发图强呢？两个我都想要，可愁死我了。

马： 我当初是怎么选择的？

橙： 看你的样子应该是选择了奋发图强，可是你放弃了那么多玩的机会，会不会很后悔啊？

马： 我在爬山的过程中，是在奋斗，还是行乐？

橙： 那么辛苦，肯定是奋斗。

马： 和你在山底下比，咱俩谁看到的美景多？

橙： 那肯定是你呀，我才去过几个地方。

马： 那现在我在干什么？

橙： 你都退休了，想去哪儿玩就去哪儿玩。

马： 如果我现在都 50 多岁了还在山底下，会是什么结果？

橙： 又老又穷，太可怜了。

马： 你的启发是什么？

橙： 看来我还是得继续"搬砖"了。

马： 其实是这样的。有这样一句话：你 17 岁背着破旧的背包躺在尼罗河河畔，浑身脏兮兮的，所看到的星空，与你功成名就后所看到的尼罗河上的星空，永远不是同一个星空。因为你有完全不一样的心境，你看到的仅仅是风景，而我看到的是人生。或许你现在不能理解,但慢慢你会理解的。虽然及时行乐一时爽,但一直行乐悔恨长。

很多年轻人追求所谓的名牌、吃喝玩乐,然后发到朋友圈里,以获得别人的赞扬来满足自己的虚荣心,但这些浅层次的物欲享受其实都只是一时的愉悦,并不能带来真正的幸福,之后会是无尽的空虚。

我也想过,如果我当初选择了及时行乐、享受当下,我现在就会碌碌无为,后悔当初为什么没有选择好好工作,对不起自己,也对不起家人,一辈子就这样碌碌无为过去了。

橙: 那你现在的人生是不是很完美了?

马: 人生哪有完美,一路走来都是伤痕,都是残缺,只是不想给自己留遗憾而已。

105
人这辈子最愚蠢的事就是"太在乎"别人

橙: 马院长,太在乎别人怎么办?

马: 如果你是狮子,会在意野狗对你乱叫吗?

橙: 不会。

马: 如果你是雄鹰,会在意麻雀对你乱叫吗?

橙: 不会。

马： 你的启发是什么？

橙： 可能是我不够强大。

马： 一个真正自信、坚强的人是不需要别人的认可的，就像狮子不需要绵羊的认可，雄鹰不需要麻雀的认可一样。因为你做事的高度、力度、角度，他们看不见也看不懂！人这辈子最愚蠢的事情就是"太在乎"别人，总想给别人留下好印象，但你要知道，你无法让所有人满意，所以你只需要认识自己，知道自己的理想、目标、方向，然后去努力，让自己强大就够了。

一个有思想的人，不在乎别人的误解，也不在乎世俗的偏见，因为他的内心就是一个完美的世界。就像英国著名作家莱辛所说：当你选择了与众不同的生活方式后，又何必在乎别人以与众不同的眼光来看？

106
一个人的幸福感根植于自身内心的评价体系，而非来自外界的荣誉和赞美

橙： 马院长，为什么我们的危机感那么重啊？做什么事都比较着急。

马： 如果你邻居得了大病，花了好几十万，生活因此变得比较紧巴，你家会有什么感觉？

橙： 看来还是钱不够，还得多挣钱。

马： 如果你的工资是你们班最高的，你自我感觉良好，但几个月后发现，有一个同学涨工资了，是你的两倍，你有什么感觉？

橙： 那我再也不会自我感觉良好了。

马： 如果你想创业，没钱行吗？

橙： 不行。

马： 你的启发是什么？

橙： 看来我们很难逃离危机感。

马： 这种危机感主要源自我们的生活没有得到过长期稳定的富足和安全，要么为房子发愁，要么为医疗发愁，要么为养老发愁，要么为孩子上学发愁，那种惶恐不安，如同基因一般刻入我们每人的灵魂深处，让我们无时无刻不敢懈怠。

还有就是我们喜欢用吃喝玩乐等物质享受，包括对名利的占有来体现自己的幸福感，而且还把对幸福的判定标准建立在对别人的优越感之上，也可以说我们从来不是享受物质本身，而是在享受物质带来的优越感。这最终导致人与人之间喜欢互相攀比，甚至互相伤害，总想凌驾于别人之上，<u>从来不知道一个人的幸福感根植于内心的评价体系，而非来自外界的荣誉和赞美</u>。

所以有些人活得比谁都心累，总是深陷于虚名、浮利与假人情之中，而毫无幸福感。

107
一个人要想成功，三分运气，六分能耐，一分靠贵人扶持

橙： 马院长，怎样才能遇到贵人呢？

马： 什么是贵人？

橙： 能帮助我的人。

马： 那他是给你钱，还是给你指明方向？

橙： 指明方向。

马： 那大道理太多了，有几个人相信了？

橙： 那应该是改变了我的想法，给了我一个适合我的、正确的想法的人。

马： 别人凭什么要告诉你？

橙： 看来我得值得帮助才行。

马： 作为占大多数的草根，一辈子想做成点事，确实需要运气和贵人相助，不然成功的概率就比较低。几乎每个人都在为自身的短板付出代价，特别是认知上的短板。郭德纲也说过：一个人要想成功，三分运气，六分能耐，还有一分是贵人扶持。所以，人生最大的运气，不是发财，也不是当官，这些都只是一时的，不可能是一世的。真正的运气是遇到这样的人：能在你人生的重要转折点，一语为你指明方向，帮你走出人生的低谷；或者是打破你原有的思维，提高你的认知境

界，打开你的人生格局，引领你进入一个新的人生境界，带你走向更高的平台。

他们的信息密度和认知层面都远高于你，而且还愿意静下心来听你说那些他们认为极其无聊的事情，他们会提出一些你没有听过的观点，他们还会给出一些具有针对性的建议，他们可能会颠覆你的想象力和三观，他们会开启你的智慧，甚至还能给你无处安放的灵魂找到归宿。有些人你靠近他们便是在耗损生命，但是这些人你靠近他们便是人生温暖，他们拥有有趣的灵魂，和他们在一起，哪怕是虚度时光也是在享受人生、净化灵魂。说白了就是：一个人能走多远，要看有谁与他同行；一个人有多优秀，要看有谁给他指点；一个人有多成功，要看有谁与他相伴。

虽然很多人都说"千里马常有，而伯乐不常有"，但更多的事实却是"你若盛开，蝴蝶自来；你若精彩，天自安排"。那些能做你贵人的人基本上都实现了财务自由，对这些人来说，他们是愿意帮助别人的，通过成就别人来成就自己，进而实现自己的精神价值，也就是所谓的送人玫瑰，手留余香。

你想遇到贵人，首先要让自己有价值，让自己优秀，让自己值得被帮助，才会有人愿意帮你，你才会遇见贵人。这些人可能是你的朋友、亲人、领导，也可能是一个同事，甚至可能是一个路人。有的人或许就是无意的一句话，有的人也就陪你几个月，所以你要做好自己，善待身边人，说不定现在的小人物也可能是你未来的贵人。

橙：遇不到怎么办？

马：有些路终究要一个人走，没有人会陪你一辈子。人生最大的贵人是自己，陪伴自己最长久的贵人也是自己。

108
十分冷淡存知己，
一曲微茫度此生

橙：马院长，身边素质低的人太多怎么办？

马：物以类聚，人以群分，你优秀了，你身边的朋友也就优秀了，所以优秀的朋友不是争取来的，而是在成长的路上遇见的，你现在要做的是让自己尽快优秀起来。黄渤也说过类似的话：当你弱小的时候，你身边都是坏人；当你强大的时候，身边都是好人。

还有就是，能认识到身边人的不足本身就是进步，太合群了有时候也是在浪费时间和精力，与其整天耗在无意义的应酬和伪装自己上，还不如学会独处，调整自己，改变自己，让自己成长。朋友不一定会止于距离，但一定会止于差距，在成长过程中，真正的朋友可能会越来越少。朋友失去了就失去了，只要珍惜剩下的知己就好。十分冷淡存知己，一曲微茫度此生，其实是一种人生境界。

109
我们所有的努力不是为了人生的完美，只是为了不留下遗憾

橙：马院长，为什么人生没有完美？

马：孩子重要，还是事业重要？

橙：都重要。

马：有多少人为了养家糊口而不能陪伴孩子？

橙：很多。

马：身体重要，还是事业重要？

橙：都重要。

马：又有多少人为了养家糊口而影响了身体健康？

橙：很多。

马：你的启发是什么？

橙：看来我们的人生很难完美。

马：是这样的。等我有时间陪孩子时，孩子却长大了，不需要我陪了；等我有时间锻炼身体了，身体已经受伤了。在这个世界上，对我们大多数人来说，没有一劳永逸、完美无缺的选择。选择了的会后悔，放弃了的会遗憾，完美只能是一种理想，现实中很难存在。我们不可能同时拥有春花和秋月，不可能同时拥有硕果和繁花，不可能所有的好处都是我们的。我们要学会权衡利弊，学会放弃一些什么，然后才可能得到些什么；我们要学会心平气和地接受生命的残缺和悲哀，我

们所有的努力不是为了人生的完美，只是为了不给人生留有遗憾，这就是人生。

人生最大的悲哀和不幸就是：还没弄清楚自己是谁，究竟想要什么，就没了青春，到了中年，然后就听天由命，正如我现在的样子。《廊桥遗梦》中有这么一句话："这世界哪有什么美好，我笑着生活是因为别无他法。"张爱玲也说过类似的话，她说："时代是这么地沉重，不容我们那么容易就大彻大悟。即便懂得了太多的道理，却依旧过不好这一生。这是人生最无可奈何的真相。"

当我们不明真相被命运裹挟，所有的努力不过是为了活着，平凡是福不过是自我安慰。只要认真思考，就会发现很多这样的人：生活在苦难之中，却不知道苦难来自何方，也就更谈不上有时间和能力去思考教养、出路、眼界，最终无声无息地离开。如村上春树所说，所谓人生就是这副样子，如植物的种子被不期而至的风吹走，我们在偶然的大地上彷徨。

110
该走的路必须走，不想做的事必须做

橙：马院长，努力工作到底是为了什么？

马：你的父母住院的时候，你没能力支付费用怎么办？

橙：那显得自己很无能。

马：你的孩子需要上更好的大学时，你没能力支付学费怎么办？

橙：无奈，觉得对不起孩子。

马：你想过更好的生活，却没有选择的能力怎么办？

橙：没办法。

马：你的启发是什么？

橙：看来努力工作的意义首先是承担自己该承担的责任，然后是过上更好的生活。

马：谁都喜欢做自己想做的事情，但是人这一辈子总有许多你不想做却不得不做的事，这就是责任。我们只有走完必须走的路，承担起该承担的责任后，才能有更多的选择能力，做自己想做的事，过真正想过的生活。

橙：人生真是很无奈啊，很多自己想做的事情不能做。

马：一代人有一代人的责任，孩子的起跑线其实是父母的高度。我们为人子女、为人父母所做的努力除了是在尽自己的责任，更代表着自己对生活质量的追求，是在让自己的人生有更多的选择权，给自己一个交代。

该走的路必须走，不想做的事必须做，看上去是无奈，其实是担当、是选择。你不去做，就永远不会知道自己有多坚强、有多大能量。当你努力过、奋斗过，你就不会给自己的人生留下遗憾，一路上你也能看到更多人生的风景。有一天你回望过去，都会被自己感动。而现实中却总有很多人年轻时贪图享乐，中年时没有钱，老年时没智慧，婚姻里没爱情，社会中没尊严，一生浑浑噩噩、平淡无味，却不知道为什么会这样。

Chapter 4 感谢那些折磨你的人

111
你每天的工作是在消耗你的生命，还是在给你赋能？

橙： 马院长，工作压力大怎么办？我感觉被工作压得喘不过气来。

马： 我们奋斗的时候和爬山是一样的，没有轻松的。虽然我们都知道身体是最重要的，家庭是最重要的，但这辈子没有两全和完美。很多事业有成的人都是前半辈子拿命换钱，后半辈子拿钱换命。所以，我一再说人生没有完美，人生一路是残缺。面对成长奋斗的时候你没有别的选择，一旦机会来的时候，你必须把握住。

当然，这个奋斗不是瞎奋斗，而是要通过大脑去奋斗，奋斗的过程中尽快找到晋升和成长的规律。说白了就是别让自己瞎奋斗，别让自己奋斗完之后把健康搭进去，甚至把命搭进去。就算是面对压得你喘不过气的奋斗，你也要极度冷静和理性。不要为了工作而工作，不要为了应付工作而工作，老板让工作就工作，从来不问是什么、为什么、因何而起。你要知道你的工作是在消耗你的生命还是让你的生命更加丰满、让你的能力和智慧有所提升。

太多的人不知道如何主动成长，所以我想说，工作不是用来消耗生命的，工作一定是要用来为生命赋能的。判断工作是否为生命赋能有三个标准：为结果而工作，为自己的事业而工作，为自己的成长而工作。别为老板而工作，你要为自己工作，别让工作消耗你的生命，要让工作丰满你的生命，让每一天的工作为你增加智慧和输入能量，然后你才能有资格给别人输出能量。应付工作是没有用的。假设你给我工作，我公司有100人，你为了应付工作而把工作搞砸了，对我的损失才1%，对你的损失却是100%。所以我想说，假设你是我的员工，你和我对立、对抗，你放心好了，你永远输。如果你真正有智慧的话，别用工作消耗你的能量，要用工作给你输氧给你赋能，这样你就能用两年的时间完成别人五年的成长。

怎么成长？就是我一再说的成长的闭环，就是学会做、学会想，然后学会讲、学会写。我们有些人就是耷拉个脑袋，像木头一样工作，不会讲，不会说，也不会写。我为什么让我儿子写书，就是我们必须在单位时间内比同龄人的成长快出三两倍的速度，你才能跑赢，要不然你在竞争中，你的同龄人这么多，竞争对手这么多，你怎么才能脱颖而出？

112
学历只是敲门砖

橙：马院长，学历很重要吗？学历低怎么找工作？

马：有时候你会发现，很多人总是喜欢用一种外在的虚假的东西来掩盖自己能力的不足和思维的懒惰。比如很多人找不到好单位，结论是学历不高。这不就是变相说你今天倒霉、不如意和你没关系，而和别人有关系吗？不就是在找借口吗？其实学历只是你在找第一家单位时的敲门砖。现在热门的直播行业、短视频行业，包括将来的长视频行业，这都是比较边缘的低端行业，传统意义上的高端人才做的相对少一些，这是一帮草根在做的事，所以它和学历没有关系，谁都可以进来的。如果你苦干两三年，在这方面你很容易成为一个专家。包括考取职业资格证书也一样，就是找第一家单位时有用。如果你的学历低怎么办？你就进风口行业，风口行业对草根来说更容易进入。你一定要知道，未来的主流行业可能会来自现在的边缘行业。所有的主流、高端在没有成为主流之前一定都是边缘行业，没人看得起瞧得上。现在我们瞧不起的、很低端的，将来极有可能会成为主流，你进入边缘行业和学历基本没有关系，这是第一个。

第二个，你在进入第二家单位、第三家单位的时候，基本只需要借前面单位的光环，学历并不重要。比如你在第一家单位当了部门经理，就算你只有中专学历，也可以去任何一家企业面试入职。如果说我学历不够，学历不够反而更能证明我优秀。因为同样的工作，他们本科水平才做到运营经理，我中专就当上了运营经理，你说我的水平高还是低？这样不是显得你更优秀？比有学历的人进步得更快？如果你找第二家单位、第三家单位的时候，不能用上一家单位的资历和光环，还在用你的学历找工作，这说明什么？说明这些年你在混，没干出来任何有价值的事，那你倒霉就怨不着别人。

113
优秀的人都能抗折腾、抗造

橙：马院长，怎样成长为一个优秀的、老板喜欢和器重的人？

马：第一，优秀的人首先要有梦想、有想象力。就是心里有想法，将来想做成点儿事，这是优秀的前提。然而有一个问题，就是越普通家庭的孩子越容易没有梦想。我面试时经常问一句话：你的理想是什么？很多人都说就是努力工作。我问你父母对你的期待是什么，他答这辈子平安就行。想变得优秀，最起码你得有点儿理想，想做成点事。所以，我对我儿子从小就鼓励他，让他改变世界。就因为他有了这个理想，他才开始写书，要不然他是不愿意写的，这是他写书的动力，这就叫内驱力。

第二，做事要有结果，常汇报，让人相信、觉得你靠谱。比如你们常说我直播的时候一般是至少提前五分钟在这儿等你们。这是最基本的准则，这个没什么可商量的。包括我给一些公司做董事，董事有一个基本的要求是忠实勤勉，董事是不需要考核的，你必须自己忠诚、勤奋、谨慎。这是最基本的要求，我们做人一定要这样。

再比如，领导安排的事，总需要领导一遍遍地问你进展如何，怎么样了，就是你做事不主动汇报，总等着别人问你。你放心好了，领导最多给你安排两次这样的任务，以后你再也没机会了。正常来说，领导交代给你的事，你得主动向他汇报。即便是没做好，也要主动汇报，这就形成了一个闭环。做事做人第一要靠谱，第二有结果，让人放心。让领导放心，他才会给你更多的事做。

第三，就是你得抗折腾，抗造。领导批评你，你别计较，别在乎面子，你永远要在乎的是成长、是未来，这是最基本的，当你满眼是蓝天的时候，眼前便没有杂草。人才是折腾出来的，丁点儿大的委屈你都受不了了，将来没人敢给你更大的事。因为领导有时候需要平衡、需要拿捏，他不可能每时每刻都对你好，而且大部分人都有一个毛病，总把自己看得很重要，把别人看得不重要。

乔布斯为什么一直喜欢用顶级聪明的人，因为顶级聪明的人永远在乎的是成长，他不会在乎面子，聪明人要的是尊严而不是面子，小人物才总要面子。还有就是闻过则喜，别人一旦给你提供了学习和成长的机会时，你应该开心才是，应该把那些受到的委屈、痛苦和批评都放下，你永远在乎的是你又有一个成长的机会。

不管怎么样，你要记住，想成为优秀的人，第一，要有理想。跟着优秀的人走，和优秀的人在一起，优秀的人会影响你，让你有理想。第二，做事有结果多汇报，不能让别人问第二遍。还有一个是做事不能犯重复的错误，多大的错误你都可以犯，新错误你可以犯，但是重复的错误永远不能再犯。第三，你还得抗折腾。你得和老板一样，满脑袋都是事，把事做成之后，一切该有的就全都有了。最后，你在乎的永远是成长的机会，只要能给你带来成长，有新的方法解决问题就够了，别总停留在情绪上。

5
CHAPTER

人生就是选择，选择了就要坚守

114
想跳槽怎么办？先让自己值钱

橙： 马院长，我想年后跳槽。

马： 你为什么要跳槽？

橙： 一年了，也没挣到什么钱。

马： 才工作一年。

橙： 对啊。

马： 马云什么时候有钱的？

橙： 40多岁。

马： 任正非什么时候有钱的？

橙： 50多岁。

马： 你的启发是什么？

橙： 难道非得等到老了，才能有钱吗？

马： 年轻的时候很难挣到钱，你的任务是学习、成长，只要找到一个好的单位，这个单位在向上发展，你就跟着它一起成长，会长得非常快，然后坚持到一定年限，到时候你就有钱了。你现在的任务不是追求有钱，年轻的时候本来就很难挣到钱，而是要追求将来能值钱。

橙： 如果我好好干、努力干，但是很不幸，我的单位倒闭了怎么办？

马： 如果你有能力了，即便单位倒闭，有没有猎头公司挖你？

橙： 那时候应该有。

马： 那你还担心什么？

115
如何向上管理？取得领导的信任和支持

橙： 马院长，如何管理上级啊？

马： 你为什么要这样想呢？

橙： 有了上级的支持和帮助，我才能发展得更好。

马： 那你能直接管我吗？

橙： 不能，我可不敢直接管你，我就想让你支持我。

马： 很多人都需要我的支持帮助，那我凭什么要支持你呢？

橙： 你交给我的事我不会搞砸，让你放心。

马： 如果其他人也这样，把工作做得都很好呢？

橙： 我跟你的时间长，更值得信任。

马： 也有很多同事跟着我时间很长呢。

橙： 我给你买你喜欢吃的，你喜欢吃什么我都记住了。

马： 那你的启发是什么呢？

橙： 想获得领导的支持，不仅要把工作做好，还要经常和领导交流思想，分析工作得失。

马： 向上管理是对的，因为上级掌握了一些你想要的资源，这些足以影响你的绩效、晋升和未来。

如何做好向上管理呢？首先是做事要让上级放心，得到上级的信任，然后你就会有更多的机会。其次要了解领导的性格，有的领导关注过程、关注细节，那你就要多汇报。另外，你要让领导感觉到你很在意他、关心他、尊重他。比如经常向领导请教问题，可以是工作问题，也可以是人生成长问题，让领导成为你的导师。这些不是讨好领导，不是溜须拍马，这是基本的为人处世的技巧。

橙： 好！一会儿我给你点河南烩面，以感谢你的点拨。

马： 聪明！

116
不愿受委屈怎么办？
胸怀是屈辱撑起来的

橙： 马院长，我不愿意受委屈怎么办？

马： 你见过有不当孙子直接当爷爷的吗？

橙： 没有。

马： 如果让你像饲养的鸡一样，两三个月就长起来，你愿意吗？

橙： 我不愿意。

马： 你的启发是什么？

橙： 两三个月长起来的鸡，肉不如柴鸡好吃，也不如柴鸡值钱，长起来就被吃了，我可不愿意那样。

马： 在我们的人生道路上，特别是对你们这些刚进入职场的毕业生来说，千万不要指望一夜暴富、一蹴而就，不要想象人生会一帆风顺。要记住，人的胸怀是屈辱撑起来的。将来你能成多大的事，取决于你现在受了多大的委屈。

117
老板不重视我们怎么办?

橙：马院长，老板不重视我们怎么办？

马：怎么不重视你了？

橙：给我们的工资低。

马：工资那么低，那你怎么不跳槽呢？

橙：跳槽的话，我可能连这点低工资都拿不到。

马：老板强迫你必须在单位工作，不允许你跳槽了吗？

橙：那倒没有。

马：如果其他单位能给更高的工资，你会跳槽吗？

橙：会。

马：你现在没跳槽说明什么？

橙：说明没人给我更高的工资，可能我的价值还不够高。

马：你没跳槽，说明老板至少没有少给你工资，而且有可能还多给了。如果你跳槽了，老板支付同样的工资又招了一个员工，还说明什么？

橙：说明能代替我的人有很多。

马：如果你去做个体户自己创业，或者送外卖比现在挣的还多一点，你怎么不去？

橙：那样可能太辛苦了，还不如现在有保障。

马：你的启发是什么？

橙：看来老板没有压榨我。那为什么还有很多人总认为老板在压榨员工呢？

马：其实我们都忘了一个基本的常识，那就是工作本身是一种市场行为，本质上是双向选择，是双方履行承诺、遵守协议的过程，所以也就不存在所谓的"压榨、剥削"。当然不排除有个别黑心老板存在不守信用的行为，也不排除有些人背后抱有不可告人的目的而"忽悠"员工。

做人要有自己的独立思考，不要人云亦云，不要被表面现象所迷惑，很多时候问题不是问题，问题背后的问题才是真正的问题。如果你看不明白，就让自己先冷静下来，让子弹飞一会儿，你该明白的就应该会明白了。

118
那些折磨你的人和事本身没有意义，真正有意义的是你的反思和行动

橙：马院长，工作不理想可以跳槽吗？

马：怎么不理想？

橙：工作累，钱少，人际关系复杂，还经常被挖坑。

马：你理想的工作是什么样的？

橙：工作轻松，挣钱多，离家近，人际关系很简单。

马：有那样的工作吗？

橙：可能很难找吧。

马：同样的工作，你的效率高还是别人的效率高？

橙：别人的高。

马：你为什么不能提高你的效率？你累，是单位的原因还是你的原因？

橙：可能是我的原因，我太笨了。

马：你们单位有收入高的吗？

橙：有。

马：你为什么不能提高收入？这是单位的原因还是你的原因？

橙：我的原因。

马：你们家就几口人，有矛盾吗？

橙：有啊，我爸妈天天闹离婚。

马：有人际关系非常简单的单位吗？

橙：看来没有，有人的地方就有江湖。

马：那这些问题，通过跳槽能解决问题吗？

橙：不能。

马：你的启发什么？

橙：看来我还得多从自身找原因，不是换单位，是要换我的"脑袋"。

马：工作中碰到的问题大多不是跳槽就能解决的，你要去分析问题背后的原因，然后坦然面对。你不解决自己的问题，跳槽没有用，你要解决的不是单位的问题，而是你"脑袋"的问题。成长过程中碰到不如意、困难，甚至是伤害，这些事情本身并没有任何意义，让它变得有意义的是你的坚强。伤害你、难为你的人和事本身不会让你成长，真正让你成长的是你的反思和行动。

纪伯伦说过：如果有一天，你不再寻找爱情，只是去爱；你不再渴望成功，只是去做；你不再追求空泛的成长，只是开始修养自己的性情，你的人生一切，才真正开始。

119
要成为树林里的一棵树，不要成为草原上的一棵树

橙： 马院长，我嫉妒别人怎么办？

马： 你为什么要嫉妒别人？

橙： 很多同事都比我优秀。

马： 乔布斯比你更优秀，你嫉妒他吗？

橙： 不嫉妒，我俩没有可比性，八竿子都打不着。

马： 仔细思考你会发现，我们通常嫉妒的是身边人。他比我们优秀，给我们的工作带来了压力和威胁，但是这些对我们的成长其实是有好处的。如果没有这样的环境，让你去草原上放羊，没有任何的威胁和压力，你愿意吗？

橙： 我不愿意，那就和社会隔绝了，就没有成长了。

马： 适度的威胁和压力会给我们带来一种成长的动力。我们要学会接纳、欣赏别人的优秀，从而让自己更快地成长。我们要尽可能成为树林里的一棵树，哪怕是一棵小树，虽然生长环

境很恶劣，竞争十分激烈，但是我们也可以长得又高又直。不要逃避竞争，不要成为草原上的一棵树，那样你会长得又矮又小。

120
在工作中多数犯错误的原因就是没有标准和流程

橙： 马院长，我在工作中总犯错怎么办？

马： 你打扑克牌会犯错吗？

橙： 不会！

马： 为什么？

橙： 我摸了几张牌大家都能看见，而且我要是摸多了或者摸少了，其他牌友也会提醒我。

马： 你的启发是什么？

橙： 看来是因为工作中的规则不如打牌的规则清晰，所以我才会犯错。

马： 是这样的，我们在工作中犯错误的多数原因就是没有标准和流程。比如打扑克，每个人每次就摸一张牌，每个人都知道又很透明。还有一点，摸牌是按顺序的，如果你摸错了，左右牌友也不愿意，会形成一种天然的监督。所以，有了标准和流程，会让工作中犯错误的概率极大地降低。

121
不喜欢自己的工作怎么办?

橙: 马院长,不喜欢自己的工作怎么办啊?

马: 孩子都喜欢自己的母亲吗?

橙: 不一定。

马: 母亲都喜欢自己的孩子吗?

橙: 喜欢。

马: 母亲为什么喜欢自己的孩子?

橙: 因为那是她生的呀。

马: 你的启发是什么?

橙: 母亲更爱孩子是因为母亲比孩子付出得多。

马: 爱的本质是付出,你不喜欢你的工作只能说明一个原因,你没认真工作过。你下一步需要做的就是用心去工作,有了真正的付出,你就有了爱,慢慢地你就会喜欢上你的工作。

122
小善似大恶,大善似无情

橙: 马院长,太善良好吗?

马: 如果一个员工偷懒没有业绩,你不忍心批评他,也不忍心开除他，最终的结果是什么？

橙： 那样他会变得更懒，我把他耽误了。

马： 如果一个员工偷了公司的东西，你不忍心责罚他，结果让他成了惯犯，最后被抓了进去，是谁的责任？

橙： 我有很大的责任，是我惯坏了他。

马： 你的启发是什么？

橙： 没有原则的善良，可能会两败俱伤。

马： 真正的善良是有原则、有底线的。我们在职场中要多讲人性，少讲人情；多讲规则，少讲道德。千万不要为了所谓的虚假的善良害了别人又害了自己。自古有句话叫作：小善似大恶，大善似无情。

123
能听别人的，才能证明你自信

橙： 马院长，为什么同事不愿意听我的，还和我闹矛盾？

马： 你愿意听他的吗？

橙： 我也不愿意。

马： 你们工作的目的是什么？

橙： 把工作做好。

马： 你的启发是什么？

橙： 看来我们谁听谁的不是最重要的，重要的是把工作做好。可他工作不行啊,我为什么要听他的?

马: 你怎么知道你行呢?

橙: 我觉得我应该行。

马: 你能帮他完善他的方案,让他的方案变得可行吗?

橙: 这个我试试吧。

马: 让别人听你的,只能说明你自负;你能听别人的,才能证明你自信。学会给别人面子,才能代表你内心强大。在和同事合作的过程中,方案最好提前做一下推演,明确责、权、利,最好还要有明确的规则,明确谁对结果负责,谁就说了算。另外,你可以借助上级的权威,让他帮助你们审查方案,来明确你们之间的责、权、利。不管怎么样,切忌与同事空谈和争吵,一定要用行动和事实慢慢地证明自己。

124
你必须相信老板

橙: 马院长,老板的话能信吗?

马: 如果你不相信老板的话,那你信谁的?

橙: 同事、朋友的。

马: 你的同事给你提供了什么?老板给你提供了什么?

橙: 同事啥也没给我,老板给我提供了饭碗和成长的机会。

马: 那你应该相信谁?

橙：应该相信老板。

马：如果你分别在两家单位工作了五年，一家相信老板，另一家不相信老板。哪一种情况下你成长得更快？

橙：相信老板。可是如果老板只让我干活，不给我钱呢？

马：作为一个老板，他会放走一个能人，再花很多钱招一个笨蛋吗？

橙：应该不会。

马：你的启发是什么？

橙：在一家单位就要相信老板，好好工作，老板不会亏待我的。

马：其实是这样的，不相信老板的那些人天天抱怨，但又不离开老板，最终你会发现这样既耽误了自己又影响了别人，特别是职场上那些"老油条"。我们要知道，在职场上通常是简单的人、单纯的人更容易成功。虽然老板并不完美，但总体上比员工优秀，更比像你这样的"职场小白"优秀。

本来就没有完美的企业，有人的地方就有江湖，就有不如意。我们不要忘记自己工作的目的，首先是让自己成长，所以好好工作就行了，不要三心二意、胡思乱想，更不要和老板赌气。对你来说，赌输了，你这辈子就完了；对老板来说，赌输了，他只是少一个员工。你真正要做的就是让自己成长，等你的翅膀硬了，你就会有更多的选择。

125
如何提高管理能力？

橙： 马院长，如何提高管理能力啊？我都当小组长了。

马： 我为什么提拔你做小组长？

橙： 应该是你相信我能带领团队完成业绩。

马： 你怎么能保证完成业绩呢？

橙： 责任到人，明确目标，做好考核。

马： 如果他们不会做呢？

橙： 好好培训他们，帮助他们。

马： 如果他们没有动力去做呢？

橙： 那我就论功行赏，及时奖励，不行就走人。

马： 如果你的小组成员感觉工作没有人情味、无聊，怎么办？

橙： 那我就和他们多聊天，带他们出去玩、唱歌、跳舞。

马： 如果你的组员没有安全感，什么都是你一个人说了算，怎么办？

橙： 那我就和大家一起商量，明确标准，制定流程，建立制度。

马： 你有什么启发吗？

橙： 看来管理就是明确目标，培养团队，及时奖励，经常沟通，健全制度。

马： 这是最基本的管理能力，同时还需在工作中多实践、多体悟。不能为了管理而管理，管理只是手段，不是目的。我们工作的目的永远是为客户创造价值，为员工创造机会，为单位创造业绩。

126
不要有打工心态

橙：马院长，你总说不让我们有打工心态，什么是打工心态啊？

马：面对同样的问题，老板和员工通常是什么反应？

橙：员工会找借口，老板会找方法。

马：为什么会这样？

橙：一个是老板，一个是打工的。

马：员工为什么不会和老板有一样的心态，把工作当作自己的事业？

橙：公司是老板的。

马：有那种把工作当作自己事业的员工吗？

橙：有啊，我当了小组长后就是那样的心态，而且特喜欢那样的员工。

马：你的启发是什么？

橙：即便是员工也不要有打工心态，要像老板一样工作。

马：人在没有退路的情况下才会全力以赴，老板之所以是老板，就是因为做事不给自己留退路，碰到任何问题都会全力去解决，几年下来能力自然会提高。有些员工之所以一辈子碌碌无为，就是因为碰到问题会本能地找借口，推卸责任，以为这样捡了便宜，但错过了太多的成长机会。所以，作为员工千万不要有打工的心态，要有老板的心态，全力以赴地做事，在奋斗的年龄选择奋斗，无悔青春、不负韶华。正如钱钟书所说："天下就没有偶然，那不过是化了装的、戴了面具的必然。"

127
现在创业还行吗?

橙: 马院长,现在创业还行吗?

马: 现在形势如何?

橙: 经济发展面临很多挑战。

马: 环境不好,胜算大还是小?

橙: 小吧。

马: 危机、危机,越危险的地方不是机会越多吗?风口来了,你都没有把握住机会,等风停了,你还能把握住机会?

橙: 也是。

马: 你的启发是什么?

橙: 那我不开炸鸡店了,还是继续跟着您干吧。

马: 以前国外发生经济危机的时候,什么卖得最好,不降反升?

橙: 口红。

马: 你的启发是什么?

橙: 我又可以创业了?你不是在逗我吧?都把我绕晕了。

马: 没有糊弄你,首先在经济下行压力比较大的时候,创业肯定要非常谨慎,对大多数企业来说,不但增量市场空间变小了,存量市场竞争也会更加激烈,但是如果你的产品符合"土豆效应"和"口红效应"还是可以考虑的,那对你来说算是一个机会。

橙: 那什么是"土豆效应"和"口红效应"呢?

马：这是一个很有趣的经济现象，通常在经济不景气时，消费者仍然有强烈的消费欲望，会本能地放弃高端产品而转向中低端的廉价产品，也就是性价比很高的产品，并导致对后者的需求上升，进而推高低成本产品的价格和销售。而口红作为一种"廉价的非必要之物"，可以对消费者起到一种"安慰品"的作用。

橙：还有其他类似的产品吗？我可能卖不了口红。

马：比如香水、图书、成人游戏、近郊的民俗特色食品、特色小饭店、养老服务等都可以考虑，那些面临被卡脖子的关键技术也都是很好的方向。但无论如何创业还是要非常谨慎。

橙：那我可以直播卖土豆吗？

马：你能保证你卖得比超市里便宜吗？

橙：不能。那还是算了吧，我还是跟着您干吧。

128
捍卫面子就是在捍卫自卑

橙：马院长，工作力不从心怎么办？

马："小马过河"中的小马是有了过河的能力之后才去过河的，还是过河之后才知道自己有过河的能力的？

橙：过河之后才知道自己有过河的能力。

马：你去滑雪，是会了之后才去的，还是去了之后才会的？

橙： 去了之后才会的。

马： 你的启发是什么？

橙： 人都是做了事之后才有做事的能力，而不是先有能力再去做事的。比如我们做直播，一开始都是手忙脚乱的，后来就越做越从容了。

马： 在人生的成长路上，我们即便是能力平平，但也不是没有机会。如果面对机会太自卑、顾虑太多，给自己设限，不敢去尝试，就白白错过了机会。对草根来说，这辈子如果不把握住一两次机会，可能就很难改变自己的生活，所以在机会来临时，一定要非常珍惜，大胆尝试，不要怕做不好没面子。面子什么都不是，只是自己自卑情绪的外化，就像任正非所说的："面子是无能者维护自己的盾牌。"我们应该追求成长，而不是时时捍卫面子，捍卫面子就是在捍卫自卑。面对机会，要充分准备，敢于试错，然后及时总结经验和不足，快速迭代。比如做直播，只要坚持 10 次，就会找到感觉；坚持做 100 次，就可以达到炉火纯青。

129
感谢那些曾经折腾你的领导

橙： 马院长，有粉丝问，公司和领导都还可以，个人在公司成长也很快，但工资不如其他公司高，可以跟领导说出来吗？

马：我建议他不要太着急，要淡定。因为你找老板给你涨工资的时候，他给你涨的肯定不会多，最好等他给你涨，不要太在乎眼前的。你把心思放在做事上，你做出点成绩，他马上给你升一级，你的工资至少增加 1 倍。如果你的工资增加 1 倍，你家的"纯利润"至少增加 5 倍到 10 倍。这样是不是更有意义？

比如你现在一个月的收入是 1 万块钱，你一个月最多能存 1000 元；如果你一个月的收入是 2 万，那你一个月就可能最多存 7000 元。你看，你的收入增加 1 倍，但是你家每月的存款可以增加 7 倍。所以，有时候我不建议大家太计较眼前的得失。

橙：看来自己要和老板主动给不是一个档次。可万一老板就是不主动给，还折腾员工呢？

马：如果领导看好你，想重用你、提拔你，他一定会想办法折腾你。如果老板不折腾你，如果你没有受过高压式的、扭曲的折腾，他也不敢重用你。我们不是没有机会，而是很多人总会因为屁大点儿的事就承受不住了，是我们自己生生地错过了机会，怨不着别人。

那你说老板为什么要折腾你，他闲得慌吗？因为未来没有一帆风顺的，他只有在可控范围内折腾你了之后，才敢把更大的事交给你。如果眼前这些可控的小事你都经不起折腾，他敢把一个部门或公司的未来交给你吗？人才是折腾出来的，但是我们很多人是一天都禁不起折腾，一点委屈都不愿意受。要知道一个老板创办一家企业，有时候前 5 年、前 10 年是挣不到钱的。你看他的收入滞后投资多长时间？你只看他风光的时候，他挨饿的时候你怎么不说呢？我们都一样，如果你认为自己是一个将来能担当大任的人，就别再计较眼前利益。因为一计较眼前，就说明你的心思总看眼前的这点事，你的心思不在未来。

橙：你这还是给大家熬鸡汤、画大饼吗？是不是在偏向老板？

马：不是我偏向老板，我是替太多人感到痛惜，白白浪费了这么好的成长机会。

当然，我并不是说老板都是好人，也有压榨员工的老板，这种老板也存在，但是你自己要学会鉴别，这种老板也不是做大事的人。

130
网上怎么有那么多"喷子"？

橙：马院长，网上怎么有那么多"喷子"？

马：20年前上网的都是什么人？

橙：高级白领。

马：再后来呢？

橙：很多家庭都有电脑了，能上网的人多了。

马：智能手机普及之后呢？

橙：几乎人人都可以上网了。

马：在现实中"喷人"风险大，还是网上风险大？

橙：现实中风险大。

马：现代人生活压力越来越大，还是越来越小？

橙：越来越大。

马：很多普通人在现实中找存在感容易，还是在网上找存在感容易？

橙：在网上找存在感容易。

马：其实是这样的。首先是上网的人多了，林子大了什么鸟都有。还有就是在网上说话风险小，不容易被人发现，可以随意发泄，来寻找自己的存在感。这刚好符合一句话：如果需要为自己的行为承担后果，人就会理性；如果不需要为自己的行为承担后果，人就会随性。还有就是网络会放大人的认知范围，但很多人还会本能地用固有的立场、观点来看待未知的问题。他们缺乏基本的常识，没有基本的理性和思考，对自己不能理解或自己做不到的东西就会反对、抨击。

131
如何制定明年的目标？

橙：马院长，该怎么制定明年的目标啊？

马：你是想把公司的目标定得高一些，还是低一些？

橙：高一些。

马：为什么？

橙： 企业得发展，我也得挣钱呀。

马： 员工是想把目标定得高一些，还是低一些？

橙： 低一些。

马： 为什么？

橙： 这样舒服啊，容易完成。

马： 非洲草原上那些动物，每天早上一醒来就要奔跑，它们是给自己的目标定得高一些，还是低一些？

橙： 高。

马： 为什么？

橙： 竞争太激烈了，它们得活下去。

马： 如果跑得慢了呢？

橙： 就被吃掉了。

马： 你的启发是什么？

橙： 企业的内部没有竞争，大家就追求舒服；大自然中，为了活下去，就拼命地奔跑，自己就把目标定高了。

马： 其实是这样的。在现实中，我们也应该把自然界的竞争机制引入到企业当中，就是哪一个部门定的目标高，哪一个部门就会得到更多的资源和支持；如果定的目标低，部门负责人就下去。在企业当中，还需要有一个配套的奖励机制与目标相对应，他定的目标如果超过去年的业绩，超出部分可以提成翻倍；如果低于去年的业绩，对于减少的那部分，你就让他少拿提成。这样的话，他会把自己的目标往高了定，还是往低了定？

橙： 往高了定。

马：为什么？

橙：这样他挣得多啊。

马：是这样的。你知道今年该怎么分解你们公司的目标了吗？

橙：知道了，这个办法好。

132
公司的利润越来越薄怎么办？

橙：马院长，公司的利润越来越薄了怎么办？

马：人通常在什么情况下会变胖？

橙：吃多了，运动少的时候。

马：其实就是懒的时候，如果你天天运动，会胖吗？

橙：不会。

马：你吃得很多，但每天都很劳累，会胖吗？

橙：不会。

马：非洲草原上那些动物有胖的吗？

橙：没有。

马：为什么？

橙：他们天天在跑，天天在找吃的。

马：你的启发是什么？

橙：我们也要不停地往前跑，不停地保住自己的饭碗。

马：你会发现，企业在刚成立的时候利润不薄，为什么越做越大，利润却薄了呢？

橙： 养的人太多了，效率就会降低。

马： 说得非常好。在刚开始成立的生存阶段，企业的压力大。过了生存阶段以后，它的压力就变小了，慢慢就变懒了，就会变胖。所以对企业来说，这时有一个现象，就是它的销售额越来越多，但是利润越来越薄。其实就是内部丧失了一种竞争的活力。

橙： 那怎么解决这个问题呢？

马： 方法很简单，就是向非洲草原那些动物学习就好了。不单让企业对外部有竞争力，让企业内部的每一个成员也要有竞争力。行就上去，不行就下去，借此激活组织内部的活力。严格意义上说，小微企业和外部经济环境的关系不大，主要是和内部的活力有关。所以，我们经营企业主要是把内部的活力激活，慢慢就会形成良性的竞争力。

6
CHAPTER

自己优秀了、灿烂了，蝴蝶自然来

133
自己优秀了、灿烂了，蝴蝶自然来

橙：马院长，我没有人脉怎么办？

马：你为什么需要人脉？

橙：我刚参加工作，需要有贵人帮我。

马：通常你喜欢认识优秀的人，还是不优秀的人？

橙：当然是优秀的人。

马：是优秀的人人脉多，还是不优秀的人人脉多？

橙：优秀的人人脉多。

马：为什么？

橙：因为大家都愿意认识优秀的人。

马：你知道怎么才能有更宽广的人脉了吗？

橙：把自己变得更优秀。

马：是这样的。先不要指望有贵人来帮你，先让自己变优秀，让别人觉得你值得帮，他才会帮你。有这么一句话：花开蝴蝶来。你不要去追蝴蝶，而是让自己优秀，让自己灿烂。

橙：明白了，我要去读书啦，我要变优秀。

马：等到那一天，花开了，该有的都有了。

134
想实现一加一大于二的效果，就要学会欣赏和包容

橙： 马院长，我可以只工作不处理人际关系吗？

马： 通常一个农民忙活一年挣钱多，还是一个工人忙活一年挣钱多？

橙： 工人。

马： 你的启发是什么？

橙： 传统的农民什么都做，所以效率低；工人只负责一部分工序，效率就高。我要想实现更大的人生价值，还是要先学会和别人合作。

马： 其实是这样的。工业和传统农业最大的差别就体现在分工和合作上。分工是为了发挥每个人的特长，提高每个人的积极性；而合作是为了提高整体的效率，最终实现一加一大于二的效果。分工的前提是要看清自己的长处和优点，但合作的前提是要学会欣赏别人，包容别人的缺点，所以遇到问题要正视问题，不要回避问题，慢慢地你就长大了。

橙： 那我也要多和别人合作合作。

马： 首先你要学会欣赏别人。

橙： 好。

135
能力才能给你真正的安全感

橙： 马院长，我可以依赖别人吗？

马： 你想依赖谁呢？

橙： 我们班的同学，有些女生想找个有钱人嫁了，我也想找个有钱人，还想有一份好工作。

马： 有永远不倒闭的企业吗？

橙： 不一定。

马： 你能保证你的男朋友永远对你好吗？

橙： 人是会变的，我也不确定。

马： 什么样的人特别喜欢依赖别人？

橙： 像我这种没本事的、不愿意辛苦付出的，不相信通过自己的努力奋斗可以变好的人。

马： 你的启发是什么？

橙： 看来我想依赖别人，是因为我的内心不够强大，我还是得静下心来，提高自己的能力。

马： 其实是这样的。在你还没有价值的时候，别人凭什么让你依赖？而且即使是你想依赖，也没有可以永远让你依赖的人。真正能给你安全感的，让你值得永远依赖的是你的能力。我们永远要掌握自己人生的主动权，不要把自己的主动权交给别人，成为别人的附庸品，要让自己尽可能地经济独立、人格独立，有尊严地生活。

136
独处很好，但正常的社交也要有

橙： 马院长，我喜欢独处好吗？

马： 你没有朋友可以吗？

橙： 不可以。

马： 工作中不与人合作可以吗？

橙： 不可以。

马： 如果你为了合群、为了朋友，没有自我可以吗？

橙： 不可以。

马： 你的启发是什么？

橙： 看来我要找到一个平衡，可以独处，但也要有朋友。

马： 喜欢独处是一种选择，并没有对错，只要自己内在足够丰富，就不必刻意去迎合。独处是为了内在的觉醒与整合，是自我成长的最佳方式。独处能让你读懂自己是谁，明白自己真的需要什么，知道自己的长处和短板，有时候比表达自己更重要。不过人是社会性动物，学会社交和与人相处还是需要的，稳定的社交活动可以让我们保持健康和活力。学会合作本身就是一项非常必要的能力，能更大地体现自身价值，有机会获得更多的社会资源，提升自己的生活品质。所以，你不能以喜欢独处为借口，从而逃避必要的社交，正常的交友和人际关系还是要有的。

137
闲谈休论人长短，
背后莫道人是非

橙： 马院长，为什么大家喜欢"八卦"？

马： 你喜欢"八卦"吗？

橙： 喜欢啊。

马： 为什么？

橙： 好玩，可以知道很多别人有趣的秘密，满足大家的好奇心。其实我们背后也"八卦"你。

马： 还有其他原因吗？

橙： 相互交换小秘密能让我们走得更近，关系更好。

马： 你们"八卦"别人的时候，是阳光的事多，还是阴暗的事多？

橙： 阴暗的事多。

马： 还有，你们之间会相互"八卦"吗？会相互保守秘密吗？

橙： 我们之间会相互"八卦"，但能不能保守秘密就难说了。

马： 很多生活层次不太高的人，都有一个共同爱好，就是热衷于打探和传播他人的痛苦和隐私！努力用别人的不幸来证明自己过得还不错，而且还乐此不疲！但是"谁人背后不说人，谁人背后不被说"，所以要尽可能不去"八卦"，特别是女孩子。叔本华说过："越是智力低下、庸俗贫乏，就越喜欢与人交往。"他还说过："人要么庸俗，要么孤独。"所以，你要尽可能地学会独处，多做事。闲谈休论人长短，背后莫道人是非。即便"八卦"也要有一个度,适可而止,否则会显得缺乏修养,对自身形象也会带来损害。

138
把重点放在老实做人、本分做事上

橙: 马院长,怎样提高情商呢?

马: 你觉得怎样的人算高情商呢?

橙: 会来事,能引起别人的注意,让别人开心。

马: 如果为迎合别人,让别人开心,但不能让自己开心,你觉得有意思吗?会长久吗?

橙: 没意思,不会长久。

马: 如果一个人八面玲珑、很会来事,一个人诚实本分、做事踏实,老板更信任谁?

橙: 诚实本分的。

马: 你的启发是什么?

橙: 情商固然重要,但也不必刻意去迎合别人,更没有必要给自己太多的压力。

马: 是这样的。还是要把<u>重点放在老实做人、本分做事上</u>,以把事做好为目的,在工作中锻炼自己,学会沟通、妥协、双赢,随着阅历增加,为人处世的能力自然会提高。千万不要为了社交而社交,你的时间应该用在更有价值的事情上。当然了,一些必要的沟通技巧还是要知道的，比如，要有同理心，要学会换位思考、学会拒绝、学会反思；要有感知他人情绪的能力，知道别人想要什么，没有人喜欢被否定；要有控制自己情绪的能力，知道自己该做什么，给别人想要的回应。总之，说话、做事，要让别人舒服，也让自己舒服。己所不欲，勿施于人。

139
部门之间扯皮怎么办？

橙： 马院长，部门之间扯皮怎么办？

马： 他们都怎么扯皮呢？

橙： 好处都想要，责任都往外推。

马： 公司和公司之间会扯皮吗？

橙： 不扯，各干各的。

马： 你的启发是什么？

橙： 公司和公司之间扯不着啊，你的事和别人又没有关系。

马： 其实是这样的。公司和公司之间为什么不扯皮呢？因为它们的责、权、利的边界是清晰的。你的事是你的事，他的事是他的事，各自做各自的事，你不做你的公司会垮掉，他不做他的公司会垮掉。部门和部门之间扯皮的主要原因就是边界不清晰，责、权、利的边界不够清晰。如果边界清晰了，部门之间就不再扯皮了。你的事就是你的事，你爱做不做，不做你就要承受相应的惩罚，如果你做了就享有对应的奖励。管理当中最重要的一个职能就是界定组织边界，比如自然界中很多物种的种群都通过标记界定自己的领地，其实这就是界定责任的边界。

140
有人总在背后说我坏话怎么办？

橙： 马院长，有人总在背后说我坏话怎么办？这让我很窝火。

马： 他说别人坏话吗？

橙： 不知道。

马： 那你的事情，他怎么会知道呢？

橙： 我告诉他的。

马： 如果你不告诉他，他还会在背后说你坏话吗？

橙： 那就没法说了。

马： 你的启发是什么？

橙： 看来是我离他太近了，而且还把该说的不该说的都跟他说了。

马： 其实是这样的。苍蝇不叮无缝的蛋，这就属于你交友不慎的问题，自己给自己惹了麻烦。通过这些事你要学会基本的为人处世的道理，一定要谨言慎行，远离小人，和志同道合的人在一起，不停地反思自己，完善自己，让自己成长。

141
和优秀的人同行

橙：马院长，为什么有那么多老板想请你当顾问呢？

马：员工愿意跟老板说实话吗？

橙：愿意，但不敢啊。

马：老板的能力有短板吗？谁来弥补他的短板？

橙：肯定有，但不知道谁来告诉他，没人敢吧。

马：老板的认识有盲区吗？谁来弥补他的盲区？

橙：没有人。

马：你的启发是什么？

橙：看来他们请你做顾问是为了弥补自己的短板，然后认识到自己的盲区。

马：其实是这样的。你能走多远，要看和谁在一起。恺撒说过："人不管是谁，都无法看清现实中的一切，大多数人只希望看到自己想看到的和想要的现实而已。"所以人生的路上，谁都需要和优秀的人同行。

橙：不是老板也可以请顾问吗？

马：你有短板和盲区吗？

橙：有。我可以请你做我的顾问吗？

马：你说呢？

橙：我看行，那我给你好好干活，你就别要顾问费了，可以吗？

142
前老板也可能成为你生命中的贵人

橙：马院长，跳槽后还需要和前老板保持联系吗？我可不可以删他的微信呢？

马：你的成长除了能力，还有什么对你很重要？

橙：人脉。

马：在你过往的人脉中，最有价值的人应该是谁？

橙：老板。

马：那你说还需要保留他的联系方式吗？

橙：需要。但我离开他了，他应该很生气，留着也不会搭理我了吧？

马：铁打的营盘流水的兵，员工离职对老板来说正常吗？

橙：正常。

马：如果你没去竞争对手企业，没有伤害过公司，你们好合好散，他会不搭理你吗？

橙：应该不会。

马：外面的世界虽然很精彩，但也很无奈。如果你离职后不如意，这样你是不是给自己留了一条退路，将来还有机会再回来？

橙：也是。

马：如果你离开公司后，还能给老板一些帮助，比如给公司介绍一些业务、合作等，他会有什么感觉？

橙：他会觉得我这人还不错，可能会高看我一眼。

马：这样做对你有帮助吗？

橙：有。这样做既能成人之美，又能体现我的价值。

马：这样做，你的人生道路会不会越走越宽？

橙：会。

马：还有，如果你发展得很好，想创业，你的老板会不会给你投资？有个著名企业家是不是投资了他的很多前员工？

橙：这个可能会。

马：你的启发什么？

橙：看来我将来的炸鸡店有投资了。

7
CHAPTER

人生最好的防守
就是进攻

143
想赚钱，先把事做好

橙： 马院长，工作的本质是什么？

马： 你和你的同学认为工作是为了什么？

橙： 赚钱啊。

马： 如果你的焦点放在赚钱上面，没有把事情做好，老板会给你钱吗？

橙： 不会。

马： 如果你急功近利地去做事，而有一个同事心无杂念地做事，将来你们俩谁更有竞争力？

橙： 他。

马： 你的启发是什么？

橙： 看来我还不能太执着于赚钱，还是要沉下心来把事做好。

马： 是这样的。我们的工作表面上是为了赚钱，其实应该是先把事做好，赚钱仅仅是做事的结果或副产品。做事的背后其实是做人，所以工作是我们修行的场合，稻盛和夫先生有句话说得非常好："工作就是提高心智，磨炼人格的修行。"他还说："全身心投入到自己当前的工作中去，精益求精，这样其实就是在耕种自己的心田，可以造就自己深沉厚重的人格。"如果能这样坚持三五年甚至十来年，就能搞明白一个事物的本质。这和禅宗打坐寻求开悟的道理是一样的；也和经营企业，没有七八年的时间根本看不明白什么是做企业是一个道理。如果多数人工作是为了赚钱，而你是为了做事、做人，最终成功的一定是你。

144
人生没有一劳永逸，
人生永远是不进则退

橙： 马院长，我会被"内卷化"吗？

马： 这些年，普通员工的工资涨得快，还是高管涨得快？

橙： 高管的。

马： 前些年，普通员工的工资涨得快，还是房价涨得快？

橙： 房价涨得快。

马： 这些年，普通员工的工资涨得快，还是社会需求变化得快？

橙： 社会需求变化快。

马： 这些年，普通员工的工作压力是越来越大，还是越来越小？

橙： 越来越大。

马： 你的启发是什么？

橙： 唉，看来我们要想生活得越来越好，就必须要更加努力。

马： 其实是这样的。"内卷化"的背后不只是激烈的竞争，还是一种没有发展的增长。我再问你，那些收入很高的高管，多数年轻的时候也是普通员工，他们是怎么发展起来的？

橙： 认真工作，加班，有想法，善于思考。

马: 是这样的。所以，不要基于保守的逻辑去努力，那样的努力基本没有用。不要安于现状，不要朝九晚五，不要因循守旧、得过且过，不要追求所谓的眼前的安逸。要学会不断扩大自己的认知。人生没有一劳永逸，人生永远是不进则退，人生最好的防守就是进攻。

145
做事优柔寡断怎么办？

橙：马院长，我做事优柔寡断怎么办？

马：医生在给一个重病患者做手术时，他会犹豫吗？

橙：不犹豫。

马：为什么？

橙：做，病人就有可能活；不做，病人就死了，所以没什么好犹豫的。

马：你的启发是什么？

橙：要有明确的目的，就不会犹豫了。

马：其实，犹豫的本质就是因为我们没有把事情看透。看透了，就不会再犹豫了。我们的人生看似很长，其实是很短的，所以贫穷不能等，等久了就习惯了；梦想更不能等，因为努力晚了，青春就不在了；成长就更不能等了，因为你懂得少了，就把机会让给了别人。还有一点，孝顺父母更不能等，你再等他们就老了；健康也不能等，你再等你的身体就垮了，身体垮了，就什么都没了。所以，优秀的人都有个特点，就是自律和果断！

橙： 那以后我也果断点！

146
被对手模仿怎么办？
心无杂念地去创新，让自己跑得更快

橙： 马院长，总被模仿怎么办？

马： 你模仿过别人吗？

橙： 模仿过。

马： 别人怎么对你的？

橙： 人家才不搭理我呢！

马： 如果你和对手比赛长跑，对手在后边一直模仿你，还在紧追你，你该怎么办？

橙： 我会跑得更快、更远，和他拉开差距，让他追不上。

马： 你生气管用吗？

橙： 没用。

马： 你的启发是什么？

橙： 正是因为我们做得好才会被模仿，不应该把精力放在模仿者身上，应该做得更好，让他们赶不上！

马： 其实创新的起点就是模仿，只不过真正的创新是要在模仿的基础上有所改进，加上新的生产要素。所以，我们做事业就不要怕被模仿，我们的任务是心无杂念、永不停止地去创新，要跑得更快、跑得更远。

橙： 嗯，我知道了！

147
思维的懒惰和行为上的不作为，才是导致贫穷的根本原因

橙： 马院长，人生可以不奋斗吗？

马： 你为什么这样想？

橙： 奋斗起来挺难的。

马： 如果你不去奋斗，你的代价是什么？

橙： 那我就穷点呗，安安稳稳地过我的小日子。

马： 其实这背后正如一句话所说：如果你认为教育的成本太高，那你就试试看无知的代价。如果你不去努力、不去奋斗，那就看看你为贫穷付出的代价。富兰克林曾说过："贫穷本身并不可怕，可怕的是自以为命中注定的贫穷或一定老死于贫穷的思想。"说白了就是思维的懒惰和行为上的不作为，才是导致贫穷的根本原因。既然我们知道了这个背后的原因，就要尝试去改变，有了方向就不要怕路远。

148
只要走的方向正确，
怎样都比站在原地更接近幸福

橙： 马院长，我这一生该怎么规划好呢？

马： 如果这辈子什么都不让你干，你想要的都给你，比如你想要的房子、车子、钱都给你，这样可以吗？

橙： 不行，那样多没意思啊。

马： 你的启发是什么？

橙： 我奋斗一辈子不是想得到点什么，而是要明白想做什么。

马： 其实人生不只是你想拥有什么，更要考虑这辈子你想做点什么，做了哪些有意义的事情，让你的人生与众不同。人生是一个成长的过程，人这辈子应该追求过程的精彩，而不是结果的精彩，因为人生的结果都一样。对于这个过程要有一个基本的规划，比如你20多岁的时候，要跟随一个优秀的人工作。

橙： 我现在就是！

马： 30多岁的时候要和优秀的人合作，40多岁的时候要找优秀的人给你工作，50多岁的时候要把别人变成优秀的人。就像宫崎骏所说："不管前方的路有多苦，只要走的方向正确，不管多么崎岖不平，都比站在原地更接近幸福。"

149
看重未来的人才会有未来

橙：马院长，为什么做事要先相信这件事有未来呢？

马：如果你不相信这件事有未来，只为做事而做事，你会有热情去做吗？

橙：没有。

马：那样还能做好工作吗？

橙：做不好。

马：上级还会喜欢你吗？

橙：不喜欢。

马：你还会有未来吗？

橙：没有。

马：如果你相信一件事有未来，再去做这件事会有热情吗？

橙：会有。

马：那上级会喜欢你吗？

橙：喜欢。

马：你的启发是什么？

橙：看来真不能眼皮子太浅，总盯着眼下看，还是应该相信未来再去做事。

马：其实是这样的。越看重未来的人，就越相信眼前所做的事，他就会投入越多，越有热情，然后就越有未来。越看重眼前的人，他们的焦点就在钱上面，对工作就不会有真正的热情，他在乎的是如何去应付，如何去糊弄，如何得过且过，和行尸走肉没什么两样。这样的人肯定工作做不好，也谈不上有未来，所以鼠目寸光的人一般成不了大事。遗憾的是，<u>看重眼前的人比较多，着眼于未来的人比较少，所以优秀的成功者总是少数</u>。

橙：那我以后不叽歪了，要像一个做大事的人！

150
当你不再讨好别人时，别人才会更喜欢你、相信你

橙：马院长，怎么才能给别人安全感？为什么有那么多人喜欢你、相信你？

马：你说呢？

橙：不理解，你说话那么直接、那么难听，得罪了多少人啊！还喜欢骂人，还经常训我，我都被你训哭好几次了，实在不懂怎么会有人喜欢你。

马：我做人和别人有什么不一样？

橙：做人真实，说真话不说假话，不怕得罪人。

马：做事呢？

橙：看透了本质，做事讲因果，不功利、不忽悠，能做多少就说多少，还经常提醒学生感觉不好可以退学费，有点傻。

马：你的启发是什么？

橙：看来是因为你比较靠谱，别人才相信你。

马：无欲则刚。大多数事情，不是想明白后才觉得无所谓，而是觉得无所谓之后才突然想明白。一个真正坚强的人不需要别人的认可，就像狮子不需要绵羊的认可一样。不去讨好别人，才能做真实的自己。还有一个基本的常识：多讲规则，少讲道德；多讲人性，少讲人情。

151
没有内容时，内容比形式重要；有了内容后，形式比内容重要

橙：马院长，你和师母现在还过情人节吗？

马：过啊。

橙：这么大年纪了，还有啥可过的呀？

马：那我问你，内容重要，还是形式重要？

橙：内容重要。

马：那你买苹果手机时，为什么还给你搭配很好看的包装盒子，只给手机不就行了吗？

橙：只给我手机就感觉不值那个价钱了。

马：你的启发是什么？

橙：看来形式也很重要。

马：其实是这样的。我们可以简单地理解为：没有内容时，内容比形式重要；有了内容后，形式比内容重要。生活也需要仪式感，当然了工作也应该如此，要充分做好两者的统一。我以前在这方面做得就不太好，只关注所谓的内容，错过了很多人生的风景。同时你也可以理解为：内容就是形式的全体，形式本身就是内容。内容与形式是对立的统一，同时内容和形式又是相互依存的。任何内容都具有某种形式，离开了形式，内容就会受到影响；任何形式都是一定内容的形式，离开了内容就没有形式。

橙：啊，过个情人节怎么这么复杂，怎么还谈起哲学了？

152
最重要、最艰难的工作从来不是找到对的答案，而是提出正确的问题

橙：马院长，怎样解决一个问题？

马：解决问题重要还是找对问题重要？

橙：找对问题重要。

马：为什么？

橙：因为方向不对，努力白费。

马：德鲁克说："最重要、最艰难的工作从来不是找到对的答案，而是提出正确的问题。"因为世界上最无用，甚至是最危险的

事情就是虽然答对了,但是一开始就问错了。爱因斯坦曾经说:"如果给我 1 小时解答一道决定我生死的问题,我会花 55 分钟来弄清楚这道题到底在问什么。一旦清楚了它到底在问什么,剩下的 5 分钟就足够回答这个问题。"所以要想解决问题,就要先把更多的精力放在发现真正的问题上面,只要找对了问题,就能找到答案,而且找到问题的真正根源,才能使问题得到根本性解决。

153
人性最大的恶,就是消耗别人的善良

橙: 马院长,我可以善良吗?

马: 你想怎么善良?

橙: 帮助别人,宽容别人。

马: 如果你总毫无原则地帮助别人,最终让别人变得很懒,是谁的原因?

橙: 我的原因。

马: 如果你总毫无原则地纵容别人,最终让别人变成了坏人,是谁的原因?

橙: 我的原因。

马: 那你为什么不拒绝呢?

橙: 因为我要做一个善良的人啊。

马：那你的善良怎么会把人变得更懒、更坏呢？你这是善良还是懦弱？

橙：是懦弱。

马：你的启发是什么？

橙：看来善良要有一个度，不然就是懦弱。

马：人性最大的恶，就是消耗别人的善良，所以一定要珍惜自己和别人的善良。善良是有尺度的，过度的善良不是善良，是在纵容他人作恶、为所欲为、肆无忌惮，最终让你无路可退。善良是有原则的，没有原则的善良不是善良，是懦弱、隐忍，这样只能任人宰割，最终遍体鳞伤，甚至惹祸上身。

在利益得失面前，人性的自私、贪婪、无耻，远远超出我们的想象，所以没有霹雳手段，莫行菩萨心肠。生而为人，首先要知是非，识善恶，才是对自己最大的负责，然后再去坚守善良本性。与人相处，可以心里有光，但身上要有刺，敢于拒绝，做到"小善似大恶，大善似无情"。

154
新官上任轻易不要烧三把火

橙：马院长，我当上组长了，新官上任怎样把三把火烧好啊？

马：你可以直接发号施令、大动干戈吗？

橙：不可以。

马：可以什么都不做，当老好人吗？

橙：也不可以。

马：上级安排你担任组长的目的是什么？

橙：解决问题，创造业绩。

马：如果你是一名员工，公司给你的部门新换了一个领导，你什么感觉？

橙：我有点忐忑，害怕他乱搞。

马：你希望新领导怎么做？

橙：最好先了解一下我们的实际情况。

马：你的启发是什么？

橙：看来我得先了解实际情况，发现真正的问题并解决它。

马：新官上任三把火的典故和诸葛亮有关。当初刘备三顾茅庐把他请出来，因为诸葛亮当时就是一个"村夫"，关羽、张飞等人心里不服。不过诸葛亮当上军师后，在很短的时间内就烧了几把火，首先是火烧博望坡，然后又火烧新野，再接下来就是更厉害的火烧赤壁，三战三胜，让曹操惨败，诸葛亮也因此奠定了自己的地位。这个故事后来逐渐演化为新官上任三把火，并成了一种新官上任树立威望的约定俗成的模式。但还是要谨慎行动，不能乱用，以免适得其反。

你要知道，安排你做组长的目的就是去解决问题，特别是对空降兵来说更是这样，这背后的本质其实就是组织变革。你首先要了解情况、熟悉情况，千万不能太急，不能贸然行动。其次就是找对问题，和大家充分研讨，形成共识，让每个人都有危机感。自古上下同欲者胜，然后共同制定行动方案，再用行动创造业绩。

总之，要像诸葛亮一样知己知彼，多和上级沟通，取得上级的认同，然后带领大家创造出业绩。千万不要拿着鸡毛当令箭，胡乱发号施令，打压异己，激化矛盾，最后引火烧身。

155
越想赚快钱的人越赚不到快钱

橙：马院长，你为什么不教别人怎么挣钱啊？

马：那些教别人怎么挣钱的人，是在教别人赚快钱还是慢钱？

橙：快钱。

马：如果你知道了一个赚快钱的方法，你是自己偷偷地把钱挣了，还是很辛苦地教给别人，挣一点学费？

橙：自己挣了。

马：为什么还有很多人喜欢听如何赚快钱？

橙：太多人喜欢赚快钱了。

马：那样能赚到钱吗？

橙：不能，都让别人赚了，自己被"割韭菜"了。

马：你的启发是什么？

橙：凡是学习赚快钱的，都是自己没赚到钱，反而让别人把钱赚了。

马：我只教别人做事，这是教别人赚快钱还是慢钱？

橙：挣慢钱，挣慢钱要先做事。

马：挣钱和把事做好，谁是因，谁是果？

橙：把事做好是因，挣钱是果。

马：哪个让人更踏实、更持久？

橙：挣慢钱，先做事。

马：你的启发是什么？

橙：我们应该把心思放在做事上。

马：那些虚张声势教别人如何成功，教别人炒股票、理财，教别人如何赚钱的人都有个典型特点，就是他们自己干什么都没成功过，但教别人如何成功却成功了；自己炒股票从来没赚到过钱，但教别人如何炒股赚到钱了；那些教别人赚钱的人自己从来没赚过钱，但靠教别人赚钱却赚钱了。他们之所以能够这样做，就是因为他们太了解某一类人的习性，这些人太想成功，太想赚快钱了，自己又不愿意思考，还总想一夜暴富，而且还相信自己的运气。

橙：那些人是不是很可怜呀？

马：傻子们之所以总被骗，骗子不是主要原因，傻子才是主要原因，没了傻子也就没了骗子。

156
厉害的人如何分析问题?

橙: 马院长,厉害的人如何分析问题?

马: 如果一个小孩大哭,多数人是什么反应?

橙: 觉得很烦。

马: 如果旁边的人告诉大家小孩的母亲刚去世呢?

橙: 大家会很同情,原谅他的哭闹。

马: 你的启发是什么?

橙: 不要从情绪上判断问题,要先弄清楚事实,否则就是自寻烦恼。

马: 你和别人吵架,无论对错,你的小狗都会帮谁?为什么?

橙: 帮我,因为我养着它。

马: 小狗是怎么思考的?

橙: 它只会站在主人的立场上思考。

马: 如果让你告诉小狗该怎么正确思考,你会怎么说?

橙: 不要从立场上判断问题,要先弄清楚是非再咬,不要乱咬。

马: 管用吗?为什么?

橙: 不管用,小狗只知道忠于主人。

马: 为什么有些女孩容易被"渣男"忽悠?

橙: 刚开始对她们好啊。

马: 那些女孩子是怎么思考的?

橙: 从个人利益上思考。

马： 那些女孩子应该怎么思考?

橙： 不要从个人利益上去判断一个人,要先弄清人品,看这个人是否值得信任。

马： 那你说该怎么分析问题?

橙： 不要从情绪、立场、利益方面看问题,要先弄清楚事实是什么。

马： 那该怎么弄清楚事实呢?

橙： 多收集信息,多维度分析问题,分析问题背后的问题,分析背后的问题因何而起,要通过逻辑分析,做好严谨的推理,比如因果分析、对比分析,还有归纳和演绎。

马： 看来你真的快长大了。

8
CHAPTER

让钱为你而活,还是你为钱而活?

157
借钱不要指望着还

橙： 马院长，可以借钱给朋友吗？

马： 如果我借钱给朋友，他到期没还，导致学院关门了，我做得对，还是不对？

橙： 不对，那你不是把我们给坑了吗？

马： 那我帮朋友不对吗？

橙： 好像对，也不对。

马： 你的启发是什么？

橙： 你不能因为仗义把更多人坑了。

马： 其实是这样的。自古有一句话叫：穷则独善其身，达则兼济天下。意思就是当你还没有能力照顾别人的时候，你就没有责任去考虑别人，否则就违背了基本的人伦常理。我们身边有太多的人因为借钱或担保，搞得自己要么公司倒闭，要么倾家荡产，要么反目成仇，就是因为没有明白这个道理。

橙： 可我朋友真的着急用钱啊，而且保证过几天就还。

马： 你知道什么是饥不择食、慌不择路吗？在那种情况下，人穷志短，求财心切，随意承诺的话能信吗？哪个人借钱的时候不是信誓旦旦做保证的？当然了，如果是很好的朋友或亲戚，在你承受得起的情况下，你给他就好了，也不要指望他还。这样的话，你也不会生气，而且还可以继续做朋友。我就是这样做的，我先假定他不还，再考虑借多少。如果你们是关系一般的朋友或者是刚认识的朋友，他不向他的好朋友借而向你借，说明什么？

橙： 他的好朋友不借给他，或者是他本来就没想还。

马： 他的好朋友都不借给他，你就更不应该借。这种人本来和你也不是什么好朋友，得罪就得罪了。

158
可以用碎片化的时间学习吗？

橙： 马院长，可以用碎片化的时间学习吗？

马： 你想怎么学呢？

橙： 看朋友圈，刷抖音。

马： 如果你在上面看到了一段话，10 天之后你还能记得多少？

橙： 啥也想不起了。

马： 如果让你给同事讲一遍，10 天之后你还能记得多少？

橙： 大概一半吧。

马： 如果再让你在工作中运用，10 天之后你还能记得多少？

橙： 那我能记个八九不离十吧。

马： 你的启发是什么？

橙： 看来在哪学习都行，关键是得学以致用。不然看了就忘了，跟没学一样。

马： 如果我们要碎片化时间学习，前提是我们要先定一个目标。

比如我们是为了在工作场景中应用，还是为了讲课等。在这个基础上，构建出一个大概的知识框架，然后再利用碎片化时间学习，这样就可以把碎片化学习到的内容系统地塞到原有知识框架中去，这种方式就是利用碎片化学习做结构化积累。

其实我就是这样学习的，只要看到有用的东西，我都会把它放到我的讲义中，这样去完善我的讲义，然后分享给大家或者在辅导企业时应用。但是，我们千万不能漫无目的地碎片化学习。比如为了消除自己内心的焦虑或者寻求自我安慰，去碎片化学习，那样除了让你更会胡说八道之外，不会给你带来任何知识上的积累，也不会消除你内心的焦虑。

159
只有你想得到别人的尊重，而又没有其他办法时，漂亮的衣服才能派上用场

橙： 马院长，我可以精致穷吗？

马： 你为什么这样想？

橙： 活得精致，让别人看得起我。

马： 如果我们两个人在一起，你穿得很精致，我穿得很朴素，谁会得到别人的尊重？

橙： 你啊。

马：你的启发是什么？

橙：看来别人是否尊重我不在于我穿的衣服，而在于我的学识。

马：其实是这样的。塞缪尔·约翰逊说过这样一句话："只有你想得到别人的尊重，而又没有其他办法时，漂亮的衣服才能派上用场。"所以我希望的是，你还有其他办法，不要可怜得只剩下衣服了。

橙：嗯。

160
如果你没有事业，再美的风景也不是你的

橙：马院长，我耐不住寂寞怎么办？

马：你为什么耐不住寂寞？

橙：我想去玩。

马：如果给你放假，以你现在的收入你最多玩多久？

橙：个把月吧。

马：钱花完了呢？

橙：再工作，去赚钱。

马：你的启发是什么？

橙：我现在还没有经济实力放心大胆地去玩。

马：说得很好。如果你没有事业，再美的风景也不是你的。我个

人的建议是，年轻的时候不要追求浅层次的、物欲方面的享受，要慢慢地让自己成长，尝试追求精神方面的享受，即便是看风景，别人看的仅仅是风景，但你看的是人生。

橙：这个好，但我现在还到不了这个境界。

马：慢慢成长。

橙：好。

161
选合伙人和选男朋友的标准：
合得来，愿意给你花钱，专一

橙：马院长，想创业怎么选合伙人啊？

马：你选男朋友的标准是什么？

橙：找个有眼缘的、合得来的吧。

马：其实选合伙人本质上和选男朋友是一样的，一个是经营一家企业，一个是经营一个家庭。所以，选合伙人的第一个标准是一定要选和自己价值观一致的，三观不同的人不适合在一起，在一起也走不远。不过价值观相同、和你投缘的人会很多，这样的人你都要吗？

橙：选一个爱我的吧。

马：你怎么证明他爱你？

橙：愿意给我花钱，愿意花时间陪我。

马：其实是这样的。和你投缘的人很多，但是真正喜欢你的人不一定很多，怎么证明他喜欢你呢？就是舍得给你花钱、花时间。所以，找合伙人不但要投缘，第二个标准就是在这个项目上还要投钱，投钱说明他真的看重这个项目，光嘴上说是不行的，投资才是最真实的。

橙：就这么简单吗？还有其他的吗？

马：当然。比如有一个男孩子他不光喜欢给你花钱，还喜欢给别人花钱，还喜欢陪别人玩可以吗？

橙：那不行。

马：如果你男朋友还喜欢别的女孩子，说明他还没选定你，这就是选合伙人的第三个最基本标准：专一。

橙：那我就按照这些标准找合伙人。

马：对的，这些也是你选男朋友的标准。

162
创业的本质不是你想当老板，而是你为社会解决什么问题

橙：马院长，我想去创业。

马：为什么要去创业？

橙：当老板好玩呀，挣钱啊。

马：你想干什么？

橙： 我想去卖炸鸡，卖橙橙炸鸡。

马： 为什么叫橙橙？

橙： 这是我的名字啊，我叫橙橙。

马： 名字都起好了啊。

橙： 嗯。

马： 你的产品和别人的比有什么优势吗？

橙： 没什么太大的区别，但是我可以放橙汁，这样解腻。

马： 客户喜欢吗？

橙： 应该会喜欢吧。

马： 你做调研了吗？

橙： 没有。

马： 那你的启动资金从哪儿来？

橙： 和我妈要。

马： 你懂管理吗？

橙： 不懂。

马： 大学生创业成功的概率大概是多少？

橙： 不知道。

马： 1% 都不到。

橙： 说不定我就是那个幸运儿呢。

马： 那你告诉我，你的优势在哪里？

橙： 我的师父是你。

马： 创业的本质不是你想当老板，想去炫耀，让自己风风光光的，而是你为社会解决了什么问题。

橙： 我明白了。

马：你明白了什么？

橙：我还是先在学院好好工作吧，先把企业管理、股权激励学好，等以后再说。

马：这就对了。

163
创业怎么选项目？
人无我有，人有我不同

橙：马院长，怎么选创业项目啊？

马：当初马云如果不选择做电商，而做家电，和张瑞敏的海尔竞争，他能胜过海尔吗？

橙：应该不行。

马：如果马化腾不是做社交网站，而是和做门户网站的新浪、搜狐竞争，打得过他们吗？

橙：打不过。

马：你的启发是什么？

橙：站在没有竞争者的跑道上，成功的概率才大。

马：道理是这样的，就是选项目的时候不要选择和别人正面竞争，因为本身别人的体量都很大，他很容易就把你打趴下。所以，我们选项目最好选创新性的东西、无中生有的东西，生意不怕小，就怕和别人同质化竞争。创新的另外一个特点就是模仿，在模仿的基础上重新组合，比如小米手机有什么特色？

橙： 便宜，性价比高。

马： 它和苹果手机有竞争吗？

橙： 没有。

马： OPPO 和 vivo 是怎么做手机的？它们是从农村包围城市，和华为、苹果有竞争吗？

橙： 基本没有，人群不一样。

马： 选项目有两个原则，第一个是选择别人没有的，这样的话它就是一个蓝海市场；还有一个原则，就是如果别人有，就要和别人完全不同，这是侧面竞争，甚至是不同的客户群体、不同领域的竞争，你会发现这其实是没有竞争的。

橙： 哦，明白了。

164
只有额头流汗，靠自己努力赚来的钱才是真正的利润

橙： 马院长，为什么有那么多人上当受骗？

马： 贪心的人多，还是本分的人多？

橙： 贪心的人多。

马： 愿意思考的人多，还是不愿意思考的人多？

橙： 不愿意思考的人多。

马：如果一个人不贪心，会上当受骗吗？

橙：不会。

马：如果一个人满脑子只想着工作，会上当受骗吗？

橙：不会。

马：现在是一个知识无比重要的时代，你不愿意学习，不愿意思考，就有人替你学习，替你思考。一个人被骗，有骗子的原因，更有被骗之人的原因。傻子没了，骗子也就没了，但有贪念的人就像韭菜一样，是永远割不完的。

至于如何不上当受骗，记住稻盛和夫说的一句话就好，"只有额头流汗，靠自己努力赚来的钱才是真正的利润"，在引诱面前"不起贪念"。

165
公司内斗怎么办？

橙：马院长，公司内斗，拉帮结派怎么办？

马：在山顶上看山和山下看山有什么不一样？

橙：山顶看山都是风景，山底看山全都是爬上去的困难。

马：换句话说就是山底看山一片茫然，山顶看山一目了然。

橙：是的。

马：那好，你在公司处在什么位置？

橙：我在山底。

马：老板在什么位置？

橙：山顶。

马：如果公司有内斗，老板知道吗？

橙：不知道吧？

马：他在山顶，怎么会不知道呢？你该怎么选择？

橙：一门心思地好好工作。

马：公司中出现内斗其实是很常见的现象，有人的地方就有江湖。对你来说，你的任务是成长，你好好工作就好了。还有一个，你要搞明白自己的身份，你和公司是契约关系，公司给你发工资，你的任务就是做好工作，你要学会对公司负责，而不是对内斗的某一个群体负责。一般陷于内斗的那些群体，通常都会两败俱伤，将来受益的是谁？

橙：我不参与就是我，不参与的都会受益。

马：其实是这样的。那你知道怎么办了？

橙：嗯。坚决不参与，就好好工作。

166
什么是鸡汤文、成功学、励志书？

橙：马院长，什么是鸡汤文、成功学、励志书？

马：有些人教我们去适应黑暗，用精神战胜雾霾，自己却晒出在大山里度假的图片，你感觉如何？

橙：这不是骗我们吗？

马：还有人说房价太低不利于年轻人奋斗，漂亮地输也是一种成功，你有什么感觉？

橙：他站着说话不腰疼。

马：你说什么是鸡汤？

橙：看来就是纯粹忽悠我们用的。

马：比尔·盖茨和乔布斯大学都没毕业照样成功，所以你不上大学也无所谓，对吗？

橙：不对。

马：昨天有人中了大奖，你也买彩票去吧，你也能中奖发财，会吗？

橙：不会。

马：只读成功学能让人成功吗？

橙：好像不能。

马：那些天天讲成功学的，有知名企业家吗？

橙：好像没有。

马：这样的成功学会让你成功吗？为什么？

橙：肯定不能，这样的成功学只能让讲成功学的老师成功。

马：知道什么是成功学了吧？我讲的是成功学，还是鸡汤？

橙：你讲的是规律、道理、人性，不是成功学，也不是鸡汤。

马：很多鸡汤故事就是一种自我麻痹的文字，让你沉浸在别人的故事中，感动自己，却始终看不透事物的本质，可以自我娱乐，但始终不会触及内心。你也可以这样理解，他们把肉和骨头吃干净后，把汤给了你，但不给你勺子，你只是感觉到了并没品尝到，也不告诉你怎么品尝。成功学就是体现幸存者偏差和小概率事件，不告诉你事实的全部，把关键事实隐藏，让逻辑简化，甚至是虚构故事，只留下简单的因果联系、单维度的价值判断，以偏概全，只采纳对他们有利的数据，从而诱导出他们希望你得到的结论。它的背后是利用人的焦虑、贪婪、急功近利、不愿思考的心理，并喊出洗脑的口号，如"要成功，先发疯，头脑简单往前冲"等。这对那些文化水平不高、缺乏辨别力的群体和渴望自我实现、追求快速成功的人，极具诱惑力和吸引力。之所以有太多人被鸡汤和成功学忽悠，可以借用罗素的一句话来说明，他说："据说人是理性的动物，我至今仍在寻找支持这个说法的证据。"

真正的励志是告诉你事物发展的内在逻辑、必然规律，引发你的思考，点燃你的梦想，从而确定自己的行动方案，不负青春，自己的路自己走。也就是我们常说的有了方向就不怕路远，然后自我激励，自我奋斗。

鸡汤文的核心思想：只要想开，就是幸福。

成功学的核心思想：只要努力，就能成功。

真正励志的核心思想：指明方向，自己努力。

167
你是网络中的明白人,还是笨蛋?

橙: 马院长,经常上网会丰富人的知识吗?

马: 有丰富知识的人通常是什么表现?

橙: 明白事理,通情达理。

马: 喜欢游戏的人上网会干什么?

橙: 打游戏。

马: 如果没有网,他会干什么?

橙: 没有游戏会玩别的,会和朋友聊天。

马: 是有了网络他的知识更丰富,还是没有网络他的知识更丰富?

橙: 没有网络的时候。

马: 还有,如果你喜欢看某样东西,随后的结果是什么?

橙: 我的手机上,会天天收到这样的信息。

马: 那其他的内容你还能看到吗?

橙: 看不到了。

马: 你自己知道吗?

橙: 不知道。

马: 这样下去的结果是什么?

橙: 我就只知道这一个方面的事了。

马: 你的启发是什么?

橙: 看来网络这种"傻子"推送模式会让我变得越来越傻,不会让我变得更明白。

马：其实是这样的。有了网络，明白人会学习他不会的、不知道的东西；笨蛋则会沉迷于他知道的、熟悉的、热衷的东西，并不断强化，不能自拔。网络大面积地普及不会使人的文化素质普遍提高，而是会更加两极分化，聪明的人更聪明，愚蠢的人更愚蠢。这一切取决于你在看什么、想看什么、能看到什么，以及有没有反思能力和批判性思维。长期生活在单一的信息里，而且是一种完全被扭曲的、颠倒的信息，是导致人们愚昧且自信的最大原因。有无数人处于这种状态而不自知，非常可怜。

9
CHAPTER

可以不恋爱
只赚钱吗？

168
为什么结婚的人越来越少了?

橙： 马院长，为什么我觉得结婚的越来越少？

马： 在过去，特别是在古代，人们结婚的目的是什么？

橙： 搭伙过日子呀。

马： 现在还需要搭伙过日子吗？

橙： 不需要了。

马： 为什么？

橙： 只要认真工作生活，每个人都可以独立生存。

马： 其实是这样的。过去，特别是在古代，婚姻的模式是男耕女织，两个人相互依靠，生活会过得更好。现在这种模式的基础不存在了，就是两个人相互依靠的这种结构不存在了。

橙： 那是不是将来就没有结婚的了？

马： 结婚的前提是爱情，社会发展不会冲击爱情。

橙： 一直单身是不是也挺好的？

马： 其实也不一定。我个人认为还是要结婚，只不过我们的婚姻存在的基础变化了，由过去的相互依赖、相互依靠改为相互成就、相互扶持，但是这对我们每一个人的要求也变得更高了。

橙： 那我明白了，我就按这个方向找。

马： 这是对的。相互成就和扶持的婚姻对任何一方都是一种锦上添花，反之相互拆台、相互贬损的婚姻则是对生命的耗损，还不如不结婚。

169
唯有能力能给自己带来未来、带来安全

橙：马院长，我想嫁给有钱人有错吗？

马：别人凭什么娶你？

橙：我可爱呀。

马：你的可爱和什么有关系？

橙：年轻。

马：等你老了呢？

橙：就不可爱了。

马：别人的财富通常和什么有关系？

橙：能力。

马：他老的时候还有能力吗？

橙：有。

马：如果房价一直在跌，你现在会买房子吗？

橙：我不买。

马：如果你没房子住怎么办呢？

橙：租啊。

马：那你的启发是什么？

橙：别人的资本一直在增值，而我的资本却在贬值，他是不愿意和我交换的。

马：自古动机决定结果，如果你的动机不纯，一般是不会有好结

果的。青春虽然是资本，但是我们现在最好用内在的美，再通过个人的努力换来外在的美。我们永远要记住，唯有能力能给自己带来未来、带来安全。

170
为什么放假回家总跟父母吵架？

橙： 马院长，为什么放假回家总跟父母吵架？

马： 你们会因为什么吵架？

橙： 他们叫我回家工作、相亲，让我早生孩子，让我不要创业，等等。

马： 那你为什么不听他们的呢？

橙： 那老一套东西能听吗？

马： 你分析得很对，能让他们走到今天的经验不一定能让他们走到未来，他们是在用过去的经验看今天，你是在用未来看现在。

橙： 那我们还是总吵架怎么办啊？

马： 其实你应该尽量和他们聊一些你们有共同语言的东西，比如他们将来的退休生活，他们去哪儿养老，退休之后怎么旅游……和他们聊聊这些东西。然后，和你有关的东西，尽量回避，别和他们聊。

171
如何经营婚姻？相互成就对方

橙： 马院长，如何经营婚姻啊？

马： 为什么有人要离婚？

橙： 不知道。

马： 离婚的本质其实就是一个人走快了，一个人走慢了，当两个人不能一起走的时候，拉开差距的时候，就没了共同语言。没了共同语言，就会有陌生感，慢慢就会离婚。那你的启发是什么？

橙： 两个人得一起走。

马： 说得很好。其实，婚姻的本质就是要启动一加一大于二的功能，两个人在一起，要相互成就对方，让对方因为和我在一起，生命变得从此与众不同，变得更有意义、更有价值。

橙： 还有吗？

马： 当然还需要双方尽可能有更多的交集，有更多的共同语言，还有就是要相互尊重，给对方足够的、独立的空间。

橙： 我得找一个让我变得更优秀的男人。

马： 你已经很优秀了。

172
养儿防老不对吗？

橙： 马院长，养儿防老不对吗？

马： 如果对的话，父母养孩子的动机是为了谁好？

橙： 为了父母好。

马： 如果你做一件事的动机不纯，结果会好吗？

橙： 不会。

马： 如果孩子去一个大城市会有更好的发展，但是留在本市能更好地照顾你，按照刚才的逻辑你会选择哪个？

橙： 让他留下来照顾我。

马： 如果那样，虽然照顾了你，但是影响了孩子的前程，你心里会舒服吗？

橙： 当然不舒服。

马： 那你的启发是什么？

橙： 如果真爱孩子，还是要先考虑孩子，而不是考虑我们自己。

马： 爱本身是无私的，不能附加任何条件。如果附加了条件，其实就是道德绑架，包括孝道。那根本就不是爱，而是极度的自私，那是以爱的名义满足自己的私欲，在道德绑架对方，在强迫对方。还有，如果我们真正无私地培养了一个心智健全的孩子，你根本就不用管他，他自然会孝顺父母，这是人的本能，连动物都有的本能。

橙： 有道理！

173
被要求孝顺怎么办？

橙： 马院长，父母要求我孝顺怎么办？

马： 怎么要求你了？

橙： 让我按月往家里交钱，搞得我都不够花。节假日必须回家，有时候刚出完差就要回家，可累了。还到处说我不孝顺，搞得我都有点不太正常了。

马： 如果一直这样下去，是不是会让你一事无成？等将来他们老了的时候，你想孝顺他们，你还有能力孝顺吗？

橙： 没有了。

马： 你的启发是什么？

橙： 不能一味地听他们的，完成他们的要求，不然以后我连自己都照顾不了，就更没办法照顾他们了。

马： 是这样的。法律只规定了父母有抚养子女的义务，孩子有赡养父母的义务，没说父母可以以孝顺的名义毫无节制地绑架子女。我个人认为，如果超出了你能够承受的范围，你是可以拒绝的。孔子在2000多年前就说过："君君，臣臣，父父，子子。"其实就是做君主要有做君主的样子，做父亲要有做父亲的样子。汉代的董仲舒还专门说过："父为子纲，父不慈，子奔他乡。"如果做父亲不合格，子女是可以离开的。我们要明白，双方都是独立、平等的个体，不是对方的附庸，更不能毫无节制地用道德绑架对方，不然会为情所累、为情所困，搞不好会两败俱伤。

174
我被甩了怎么办?

橙：马院长，我被甩了怎么办？他说过只爱我一个人的。

马：如果你们不合适，你现在被甩了好，还是十年以后被甩好？

橙：现在被甩好。

马：为什么？

橙：不耽误我继续寻找真爱呀。

马：那你还难过什么？

橙：哦，也对呀！

马：什么样的人不怕被甩？

橙：有本事的人，后面有一堆人追求他。

马：那你有什么启发？

橙：看来还是我不够优秀，我要提高自己的能力，让自己变得更好、更有气质。

马：但凡能失去的东西，从来都不是真正属于你的东西，所以也不必惋惜。两个人分手的本质是一个人走快了，一个人走慢了。所以，你现在要反思的是，自己是不是进步慢了，你要做的是让自己尽快成长，让自己的内心强大起来。花前月下、山盟海誓的话，你听听就算了，千万别当真。

175
该找什么样的男朋友？

橙： 马院长，我刚失恋，今后该找什么样的男朋友呢？

马： 什么样的人能成为一辈子的好朋友？

橙： 能聊得来的、有共同追求的。

马： 什么样的人不能成为长久的朋友？

橙： 有目的接近的，比如因为她长得好看。我前男友就是因为我可爱才跟我在一起的，结果看够了就把我甩了。

马： 那你的启发是什么？

橙： 看来想长久地在一起不能只看外在，还要看内在，要找有共同兴趣的、有共同追求的。

马： 自古有句话：以利相交，利穷则散；以情相交，情逝伤人。婚姻的本质就是两个人要在一起走，相互成长，相互欣赏，相互成就。这刚好吻合了一句话：始于颜值，陷于才华，忠于人品。但是太多的婚姻只有开始的颜值，中间没有才华，没有相互成长、相互成就，更没有忠于人品。更多的是以爱的名义相互绑架、相互占有。

我们要先学会怎么散伙，才能更好地合伙，就是在结婚的时候把分家的事说清楚，避免激化矛盾。还有，要让自己优秀，你优秀了，身边的人也就优秀了。我们要好好努力让自己优秀，远离低层次人群。

176
结婚可以要很多彩礼嫁妆吗？

橙： 马院长，我结婚可以要很多彩礼吗？

马： 你为什么这样想？

橙： 有面子。

马： 有面子重要，还是你自己的生活重要？

橙： 生活重要。

马： 如果你为此背负高额的外债，让你的生活痛苦不堪，你还觉得有面子吗？

橙： 那不行，但这样可以证明对方爱我呀。

马： 婚姻可以用金钱来衡量吗？

橙： 不能。

马： 如果另一个人能给你更多的彩礼，你要嫁给他吗？

橙： 不要。

马： 你是嫁给钱呢？还是嫁给人呢？

橙： 人啊，可是别人都是这么做的。

马： 如果双方父母把养老钱、血汗钱拿出来，供你们享受，你们内心会舒服吗？

橙： 不舒服。

马： 你自己没本事挣钱，却以习俗的名义压榨自己的父母，绑架对方的父母，你好意思吗？

橙： 不好意思。

马：你这样将来如何给你的孩子做榜样？你希望你的孩子将来也这样没出息地压榨你吗？这是你想要的结果吗？

橙：不是，看来要很多彩礼嫁妆有很多后患啊，那还是意思意思就算了吧。

马：其实是这样的。彩礼和嫁妆只是结婚的一种礼数，礼数到了就够了，数量多少不代表未来幸福与否。

177 什么样的人要彩礼？

马：什么样的人更看重眼前的利益？

橙：不相信自己有未来的人。

马：什么样的人特看重面子和表面的虚荣？

橙：没本事的人、没实力的人。

马：那你的启发是什么？

橙：看来我不应该太在意金钱和表面上的东西，应该更多地关注内在的东西。

马：其实这样的。婚姻是两情相悦，而不是利益的交换。婚姻的幸福和彩礼嫁妆无关。婚姻的前提是爱，爱就要相互理解，相互包容，关于彩礼嫁妆，礼节上意思一下是可以的，不顾现实地绑架是不可以的，盲目攀比最终受累的是父母和自己。与其被面子绑架，不如活出真实的自己。

178
爱和别人吵架怎么办？

橙： 马院长，我特爱着急，还会和别人吵架，怎么办？
马： 你会和小朋友吵架吗？
橙： 不吵。
马： 我会和你吵架吗？
橙： 不会，你才不会搭理我呢。
马： 那你的启发是什么？
橙： 看来我和我的同事是一个段位的，我和你、和小朋友都不是一个段位的，所以不会吵架。
马： 人和人之间其实是分层次的，高层次的人往往能看明白而且还能兼容低层次的人，而低层次的人看不明白高层次的人。所以，容易吵架的人通常都是低层次的人，而高层次的人通常不会和低层次的人吵架。你的任务就是让自己尽快成长，等你到了一定高度之后，比如你穿越了云层，就会发现你的人生永远是蓝天，永远充满了阳光，那时你就再也不会和别人生气了。

179
可以做全职太太吗？

橙： 马院长，我将来可以做全职太太吗？

马： 你为什么这么想？

橙： 工作太累了，而且这样可以更好地照顾孩子。

马： 如果你回家照顾孩子，其实你在做谁的工作？

橙： 保姆。

马： 如果你去做保姆的工作，会让你自身更有价值，还是更没价值？

橙： 更没价值。

马： 如果你在家带了三年孩子，再踏入社会重新找工作还会有自信吗？

橙： 不会。

马： 你认为你做一个保姆对孩子更有意义，还是作一个优秀的妈妈对孩子更有意义？

橙： 优秀的妈妈。

马： 怎样才能成为一个优秀的妈妈？

橙： 好好工作。

马： 那你还做全职太太吗？

橙： 不做了。

马： 其实是这样的。言教不如身教，比陪伴更重要的是榜样。不要逃避现实，要正视现实，坦然应对，该工作就要工作，不要用亲情绑架自己和孩子。

当然还有一种情况是可以考虑的，夫妻两人中有一个人将要或已经事业有成，另一个是可以放弃工作的，专门来照顾家庭。

180
为什么有些女人总是遇上"渣男"？

橙： 马院长，我怎么总是遇上"渣男"啊？

马： 一个好的鸡蛋和一个坏的鸡蛋，哪个上面更容易有苍蝇？

橙： 坏的。

马： 一个本分的人和一个爱占便宜的人，他们谁更容易认识坏人？

橙： 爱占便宜的人。

马： 你的启发是什么？

橙： 难道是我有问题吗？

马： 其实是这样的。问题不是问题，问题背后的问题才是问题。有些女人想要的只有"渣男"才能给；有些男人想要的，只有"绿茶"才能给；而有些人想要的，只有骗子才能给。这个世界上之所以有骗子和谎言，就是因为有些人有不切实际的需求。而骗子和谎言，只不过是可以满足这些需求而已。

181
宁可孤独也不违心，
宁可抱憾也不将就

橙：马院长，被父母嫌弃该怎么办？我爸妈就觉得我不争气、挣钱少。

马：你能让所有的人都喜欢你吗？

橙：那倒不能。

马：如果别人不喜欢你了，你怎么办？

橙：那我就离他远一点。

马：如果是一个部门的同事呢？

橙：那我就尽可能地和他消除误会，好好相处。

马：如果你们还是不能很好地相处呢？

橙：那我就跟领导申请换个部门吧。

马：你的启发是什么？

橙：合得来就处，合不来就散。

马：每个人都是独立的个体，我们不要有所谓的道德上的压力，不行就尽快长大奔向他乡。陈道明说过："宁可孤独也不违心，宁可抱憾也不将就。"不入我心者，不屑于敷衍。永远要记住，你最好的朋友是自己，去做最好的自己，做自己的朋友。同时也要知道，作为父母，本应给孩子最大的爱和包容。但遗憾的是，这个世界最疯狂的事，就是很多人没有经过培训就上岗为人父母。

182
如何找对象？

橙：马院长，我年龄不小了，该怎么找对象啊？

马：你看着不顺眼，但很有钱的可以吗？

橙：不行。

马：你看着顺眼，但谈不来的可以吗？

橙：不行。

马：你的启发是什么？

橙：得找一个我看着顺眼又谈得来的。

马：找对象有一个基本的原则是始于颜值，陷于才华；始于五官，陷于三观。如果把婚姻看作是一座建筑，那么以金钱为原料的婚姻则是一间用钞票砌成的纸房子，经不起风吹雨打；以性为原料的婚姻则是馋嘴猫，经不起寂寞的诱惑！

所以找个有趣的人在一起，要比钱财、外貌所带来的快乐持久得多。和有趣的人在一起，连一碗粥都能喝出玫瑰的气息。

橙：那我就找一个看着顺眼，能聊得来，还能玩在一起的人。

马：可以这么简单理解，但你怎么保证你们能长久地在一起呢？

橙：不知道。

马：喜欢你的人要你的现在，爱你的人会给你未来，而能跟你过一辈子的人就是：理解你的过去，相信你的未来，并包容你的现在。有一天你会明白，你需要的不是一个依靠或朋友，而是一个可以沟通的灵魂！

橙： 哦，那这个人怎么找呢？

马： 关于这点，李银河说得很好，她说："首要的条件是，你要有自己的灵魂，其次你要有爱的能力。所谓爱的能力，便是一种和别人成为灵魂伴侣的能力。

如果你不知道灵魂为何物，活得像行尸走肉一般，那么想交到灵魂上的朋友几乎是不可能的。"

所以，一个人能不能找到灵魂伴侣，关键在于自身。先让自己有灵魂，多充实自己的精神世界，不要把物质世界和精神世界等同起来。

物质世界丰富，并不等于拥有幸福。幸福是一种能力，是一种内心的感受。如果你本身精神贫瘠，没有辽阔的内心世界，即便你拥有再多的钱财，也感受不到幸福。

橙： 这是不是太难了，没有多少人能达到吧？

马： 也许是吧，不过王尔德说过："人生就是一件蠢事追着另一件蠢事而来，而爱情则是两个蠢东西追来追去。"我想说，人往往是越努力越幸运，遇到了就珍惜，没有遇到就耐心等待，起码人生没有遗憾。

183
可以不恋爱只赚钱吗?

橙: 马院长,可以不恋爱只赚钱吗?很多深圳人就这样,我也想这样。

马: 为什么不想恋爱?

橙: 没钱、没时间、没房子、没心情,想有了"面包"后再说。

马: 你平时有时间和朋友或同学一起逛街、聊天吗?

橙: 有。

马: 那恋爱和赚钱是对立、冲突的关系吗?

橙: 看来不是。可是我没有圈子认识人啊?

马: 别人的圈子是天上掉下来的吗?

橙: 也不是,看来圈子是可以经营出来的。可是我身边离婚的人太多了,谈恋爱也没有什么好结果。

马: 人生应该追求过程的精彩,还是结果的精彩?

橙: 过程的精彩,结果都一样。

马: 你身边有婚姻幸福的人吗?你怎么好的不比,却只和不好的比呢?

橙: 可是没房子怎么结婚呢?

马: 婚姻重要,还是房子重要?如果你不看重房子,你能不能也找一个不看重房子的?

橙: 婚姻重要。

马: 你的启发是什么?

橙：看来赚钱和谈恋爱是不冲突的，我也可以鱼和熊掌兼得。

马：人生漫长，最好选择一个有趣的人一起走，除了让生活快乐，还能得到精神成长。当然了，在没有遇到合适的人的时候，那就努力工作，为自己增值。如果遇到一个自己喜欢的人，就要投入其中，不给自己的人生留有遗憾。

还有，婚姻和年龄无关，不要被太多世俗观念绑架。我们可以包容和理解别人，但不能将就自己。无论一个人还是两个人，都要活出自己的精彩。

184
可以"吃软饭"吗？

橙：马院长，我可以"吃软饭"吗？

马：你怎么定义这个"吃软饭"？

橙：就是什么都不干，让别人养着。

马：这样的话，你认为你会失去什么？

橙：没尊严，没自由，一辈子要看别人的脸色。

马：你觉得这样活着有意思吗？

橙：没意思，有点儿混吃等死的感觉。

马：人生的意义在于存在的价值，而这个价值取决于我们做过的事情是否有益于社会、有益于家庭、有益于身边的人。什么都不干的人不会创造任何价值，物欲的享乐带给他的满足感既不会让他充实，也不会长久，而且他会遗憾自己本来能做很多事，结果没去做。

橙：有道理，可是怎么理解现实中的全职太太和全职奶爸呢？

马：这是社会分工的问题和各自家庭的需要。无论是女人在家相夫教子，还是男人在家相妻教子，他们都一样是在创造价值，比如孩子的成长、家人的快乐，这些都是无价的，是无法用金钱来衡量的。

橙：嗯，有付出，人生才有价值、有意义。

马：是的。尼采也说过："只要自己蓬勃地生活着，那么你生命的意义就会闪烁出光芒。如果消沉地活着，即使是在盛夏的正午，你的世界也会显得暗淡无光。"

橙：那为什么还会有夫妻因此闹离婚，不挣钱的被嫌弃呢？

马：凡事都有度。如果夫妻选择了一方工作，一方在家，双方就要互相包容，谁都不能居功自傲，也不能认为可以一辈子脱离社会性工作。

对大多数家庭来说，这种选择只能是阶段性的，等孩子长大后，还是都要回归社会的。如果以自己为家庭牺牲了青春为借口，绑架对方、要挟对方，拒绝回归社会，就很有可能给对方造成一种"吃软饭"的嫌疑。这个问题是需要审慎思考的，也需要用发展的眼光对待。

185
父母太强势了怎么办?

橙: 马院长,父母太强势怎么办?

马: 怎么强势了?

橙: 非要我找个稳定的工作,还要我和男朋友分手,嫌他长得丑,家里没钱。不然就要和我断绝母女关系,就要"上吊自杀"。对我的压力太大了,我都快精神崩溃了。

马: 那她这么做是为了你好,还是为了她自己有面子?

橙: 应该是为了她有面子。

马: 那么她会真和你断绝关系吗?

橙: 不会吧。

马: 那你的启发是什么?

橙: 看来我被她表面现象绑架得太厉害了,我得做真正的自己。不能总觉得亏欠她的,啥都听她的。

马: 其实是这样的。个别父母总是在有意无意地"绑架"孩子,让孩子总觉得是欠他们的,甚至连生命都是他们给的,那就得听他们的。然后这些父母会习惯性地用自己的经验来指导孩子、要求孩子,但是过去的经验没有办法面对未来。

所以,孩子要有自己的主见,要有自己的思考,千万不能什么都听。自己不会独立思考,时间久了就会习惯,所谓母强子弱,最后伤害的还是自己。

如果实在是不好解决，那就暂时分开或远离就好了。自古有句话叫"父不慈，子奔他乡"。其实你只要做到孝敬就好了，顺从要看具体情况。

186
美貌是资本吗？

橙： 马院长，美貌是资本吗？

马： 你想靠美貌干什么？

橙： 找个好老公。

马： 你能保证自己永远年轻吗？

橙： 不能。

马： 优秀的男人身边缺漂亮女人吗？

橙： 不缺。

马： 那优秀的男人会选什么样的女人做老婆呢？

橙： 才貌双全、善解人意的。

马： 你的启发是什么？

橙： 不光要美貌，更要有才华。

马： 对优秀的男人来说，女人的美貌是一个很低的成本，仅仅相当于一张名片而已，至于两个人能否长久，取决于你能给对方带来多大的价值。

如果你内在也同样优秀，能理解他、欣赏他，在他得意时提醒他，在他失意时鼓励他，对他事业发展有帮助，对他的成长有促进，那样两个人才能走得远。

橙： 哦，优秀的男人要求还挺高的呢。

马： 其实都是相互的，在你帮助他的时候他也在帮助你。总之，红颜易老不长久，唯有共同的价值观、共同的精神追求和有趣的灵魂，才会让双方珍惜，一起走得长远。

10
CHAPTER

父母是孩子最好的老师

187
养孩子的目的是什么？

橙： 马院长，养孩子的目的是什么呀？

马： 你养小狗的目的是什么？

橙： 开心啊，好玩。

马： 你指望它报答你吗？

橙： 不指望，它能报答我啥呀？

马： 孩子欠父母的吗？

橙： 应该欠吧，父母养孩子啊。

马： 是你主动愿意养人家的，别人怎么会欠你的呢？

橙： 也是。

马： 你养小狗，小狗欠你的吗？

橙： 不欠。

马： 那你的启发是什么？

橙： 养孩子是为了体验更多的人生经历，不能本末倒置去要求他报答我。

马： 其实养孩子和养小狗的道理差不多，就是享受孩子给我们带来的快乐，同时我们也见证一个生命的成长，来弥补我们小时候成长的缺失，因为我们没有见过那时的自己。同时，孩子也是来教育我们的，让我们再次理解生命、敬畏生命，让自己更成熟、完美。

188
孩子不喜欢学习怎么办？

橙： 马院长，孩子不喜欢学习怎么办？

马： 你小时候喜欢学习吗？

橙： 不喜欢。

马： 你不喜欢学习，凭什么要求他喜欢学习？

橙： 我们那时候都不学习。现在的小孩都要上辅导班，不学习，以后没有出路。

马： 那你可以尝试激发他的兴趣，慢慢地让他喜欢上学习。

橙： 可要是考不上好大学怎么办啊？

马： 你是希望孩子一辈子有钱，还是一辈子快乐？

橙： 一辈子健康快乐。

马： 其实是这样的。培养孩子更重要的目标是让他有一个健全的人格，学会一辈子快乐地生活，你根本不用担心他未来的生存。

189
没时间陪孩子怎么办？
比陪伴更重要的是榜样

橙： 马院长，没时间陪孩子怎么办？

马：你陪孩子的目的是什么？

橙：培养孩子，让他成为优秀的人。

马：那些优秀的孩子，都是妈妈天天陪伴出来的吗？

橙：那倒也不一定。

马：对教育出优秀的孩子来说，比陪伴更重要的是什么？

橙：不知道。

马：自古有一句话叫"言教不如身教"，比陪伴更重要的其实是榜样。你优秀了，孩子自然就优秀了。并不是说不陪孩子，但比陪孩子更重要的，是你把自己变得更优秀，你要不停地成长，给孩子树立一个榜样。当然你最好要统筹工作和生活，抽出一定的时间陪孩子，但是陪孩子对孩子的成长不是绝对的，不是最重要的。

190
该怎么看待孩子跳楼？

橙：马院长，偶尔会看到孩子跳楼自杀的新闻，您怎么看？

马：其实这个问题严重地暴露了我们的社会，特别是家长，给孩子的压力太大了。

橙：那该怎么办呢？

马：其实很多问题，我们把它看明白就好了。比如我问你，什么样的家长特别希望自己的孩子学习好？

橙：对人生的认识不够全面，整体素质偏低的家长。

马：这暴露了一件不合逻辑的事情，就是自己学习不好还要求别人学习好，这本身就是很难的一件事。还有，我认为根本就不需要担心孩子的未来，因为未来的孩子会比我们拥有更多机会，根本就不发愁工作，也不用担心生存。即便是孩子学习不好，考上了技校也不用过于担心。对于孩子来说，最重要的是有志向、肯努力，有一技在手，肯定会越来越优秀。

橙：对。

马：所有的人都上大学了，就你一个人上了技校，谁最值钱？

橙：我值钱。

马：很多事我们辩证地看就好了。在德国，白领和蓝领的社会地位是没有差别的，同样受尊重，他们的薪水也没有太大的差别。我相信中国未来这一天也不会太久远。其实我对孩子也没有太高的要求，一个最低的要求，就是当个快乐的蓝领工人就好了。其实教育的本质是尊重孩子，让他自然生长，不要给他太大的压力。

191
教育的本质是什么？让孩子学会做人、学会思考，有独立的人格

橙：马院长，您怎么看学生的分数呢？

马： 首先我认为，对父母来说，作为孩子的第一任老师，要搞明白教育的本质是什么。<u>教育的本质不是让孩子考高分，而是让孩子学会做人，有独立的人格，学会思考，学会照顾自己，学会助人为乐。</u>

橙： 您是这么做的吗？

马： 我是这么做的。

橙： 那你怎么要求你儿子的呢？

马： 我对我儿子的要求没那么高。我儿子在幼儿园就"留"了一级，该上小学的时候他说还没玩够呢，就让他晚上了一年学。

橙： 这都行啊？

马： 是啊，他在上小学的时候，我要求他考 60 分就行，但是他老是考 A，好不容易考了个 B 我就奖励他 100 块钱，然后他们班的好多同学都羡慕得要命。

橙： 您这是讲笑话吧！

马： 是真的。好好学习不是死记硬背，考试成绩只是在某个时间点对某些知识点的检测结果，大可不必如临大敌。

橙： 这需要智慧。

192
孩子该不该听父母的话？

橙： 马院长，孩子该不该听父母的话？

马：父母说的话都对吗？

橙：不一定。

马：孩子做得都对吗？

橙：不一定。

马：那该听谁的？

橙：我也不知道。

马：其实大家应该在一起商量，灯不拨不亮，理不辩不明。父母和孩子在一起商量，确定好各自的边界，也就是哪些事可以自己做主，哪些事大家一起商量。

橙：你和你儿子的边界在哪里？

马：我和我儿子其实是这么定的，平时他爱做啥做啥，但是有一个事必须要向我请示，就是万一捅了娄子他承担不了的事，他得向我请示。平时他在家里做什么，我基本不干涉。

193
怎么管理孩子的压岁钱？

橙：马院长，怎么管理孩子的压岁钱？

马：人对白白得到的东西会珍惜吗？

橙：不会。

马：为什么？

橙：又没有付出什么，反正是别人白给的。

马：是这样的。如果是白白得到的东西，他不但不会珍惜，而且会自以为是，以为自己是世界的中心，他应该得到这些东西，这对孩子的成长、对性格的培养是非常不利的。

橙：那父母把他的压岁钱强行收回可以吗？

马：这样也是不可以的。孩子会感觉他的利益受到侵犯，他会强烈反抗。

橙：那该怎么办呢？

马：我认为，大钱要和目标挂钩。比如，我儿子参加比赛得了奖，我就答应给他买一台天文望远镜，当然是用他的压岁钱，就这样和目标挂钩，就是让他得到得不那么容易。

当然，对于很少的一部分钱，要给他支配权，让孩子学会花钱，比如给他几百块钱，让他支配，爱干啥干啥，就是培养他的经济意识。当然还要让他学会回馈，学会感恩，比如爷爷奶奶给他的钱，不能白要，让他学会给爷爷奶奶买点礼物，甚至给爷爷奶奶买养生保健的营养品。这样就让他知道，他不是世界的中心，让他学会和这个世界互动，学会感恩社会。

194
孩子总玩手机怎么办？

橙：马院长，孩子总玩手机怎么办？

马：你在大学上课时，都什么时候玩手机？

橙：无聊的时候。

马：还有呢？

橙：听不进去课的时候。

马：就是老师的课讲得不好的时候。

橙：哈哈。

马：那你的启发是什么？

橙：看来是家庭生活挺无聊啊，没有带给他兴趣。

马：说得非常好，就是我们没有给孩子找到比玩手机更有意义的事情，所以他就玩手机了。家长要反思，要尝试培养孩子的兴趣，让他热爱生活，找到更喜欢的事情，然后鼓励他，和他一起去做。当然这些都不是说教。

首先家长要以身作则，带头和孩子一起，比如热爱大自然，一起进行户外运动，等等。自古有一句话叫"言教不如身教"，其实孩子是在玩中学习，而不是在说教中学习，所以你应该尝试从玩中发现孩子的兴趣。

橙：好。

195
孩子不听话怎么办？

橙：马院长，孩子不听话怎么办？

马：他不听谁的话？

橙： 不听父母的话，也不听老师的话。

马： 父母、老师说得都对吗？

橙： 也不一定。

马： 不一定对，凭什么都要听他们的？

橙： 有道理。

马： 我们在教育孩子的过程中要明确一个观点，教育的目的不是服从，不是记标准答案，而是学会质疑、学会独立思考。有句话说得非常好，我爱我师，更爱真理。其实我们和孩子在一起，在人格上我们都是独立的，不存在应该谁听谁的，而是谁有道理听谁的。我们和孩子在一起的过程，其实是和孩子一起成长、一起思考、一起探索真理的过程。

196
不能输在起跑线上，对吗？

橙： 马院长，教育孩子不能输在起跑线上，对吗？

马： 人生有起跑线吗？

橙： 应该没有吧，也有大器晚成的。

马： 人生是长跑，还是短跑？

橙： 是很长的长跑。

马： 起跑快有那么重要吗？

橙： 没有。

马：人生是只有一个跑道吗？

橙：不是啊，三百六十行呢。

马：人生的起点只有一个标准吗？

橙：那倒不是。

马：那你的启发是什么？

橙：看来"不能输在起跑线上"是在贩卖焦虑，不但忽悠了家长，还忽悠了孩子。

马：其实是这样的。教育的本质是育人，让孩子有基本的生存能力，学会独立思考，拥有健全的人格，而不是只为了学习成绩，最终成为考试机器。

如果真有起跑线，那就是家长，家长是孩子的第一任老师。自古言教不如身教，家长的学识、修养、价值观才是孩子人生真正的起跑线。真要严格要求，也应该是针对家长自己，而不是自己不作为，反过来却严格要求孩子，用一个虚假的逻辑去绑架孩子。

197
究竟什么是教育？

橙：马院长，究竟什么是教育呀？

马：如果你是花园里的园丁，你希望所有的花都和庄稼一样整齐划一，还是百花齐放、万紫千红？

橙：当然是百花齐放、万紫千红啦！

马：其实是这样的。野小合说："每个孩子都是不一样的，有的是柠檬，有的是苹果，有的是仙人掌，有的是小树。我们要做的应该是让柠檬更酸、让苹果更甜，而不是让仙人掌长成参天大树。"其实教育就是让每一个孩子做最好的自己，去发现更多的可能性，让自己的人生更加精彩，而不是按照一个标准去培养孩子。

橙：那该怎么做啊？

马：我们应该给孩子营造或提供一个更多体验、更多尝试的环境和机会，从而让孩子发现自己喜欢和擅长的地方。在这个基础上鼓励个性发展，培养其独立思考、明辨是非真假的能力。一个"圈养"的孩子无论是生存、认知、理解、创新等能力，还是对生活的热爱方面，都与一个"放养"的孩子是没法相比的。

198
考不上大学怎么办？

橙：马院长，孩子要是考不上大学怎么办啊？

马：一个阳光的性格和一所名校相比，哪个更重要？

橙：阳光的性格。

马：其实是这样的。教育孩子，家长可以有更多的选择。无论如何，父母作为孩子的第一任老师，要懂得基本的教育，千万别自己不思考、不学习，一事无成，就知道听别人的，简单粗暴地要求孩子。更不能因为自己的认知，从而限制孩子的成长。叔本华说过："每一个人都会把自己视野的极限当作世界的极限。"其实认知的本质都是片面的，所以作为家长，要尊重、包容孩子的个性，陪伴孩子成长；作为老师，起码要让孩子记得你、感激你，而不是恨你、骂你。总之，孩子的幸福比成功重要。

橙：这样好，我要是有这样的成长环境就好了。

199
为什么父母是孩子最好的老师？

橙：马院长，为什么父母是孩子最好的老师？

马：教育孩子首先应该是谁的事？

橙：父母吧。

马：家庭是孩子的第一所学校，父母是孩子的第一任老师。父母和孩子在一起的时间最多，孩子从幼儿园到小学、中学时期，大部分时间是生活在家庭里，而这正是孩子长身体、长知识、培养良好性格和品德、为形成世界观打基础的时期，父母的一言一行都在深刻影响着孩子，因此良好的家庭环境对孩子的成长起着至关重要的作用。所以，父母要成为孩子的榜样，要做孩子最好的老师，不要把自己该承担的责任推给别人。甘地说过:"没有一个学校能与一个好的家庭相比,没有老师能取代诚实有德的父母。""养不教父之过"说的也是这个意思。

很遗憾,现在有些不太好的情况就像有的人所说:一些不读书的"教师"在拼命教书,一些不读书的父母在拼命育儿。他们用"要听话"来抹杀独立思考;用"要孝顺"来抹杀独立人格;用"就你跟大家不一样"来抹杀独立个性;用"别整天琢磨那没用的玩意儿"来抹杀想象力;用"少管闲事"来抹杀公德心;用"养你这孩子有什么用"来抹杀自尊;用"我不许你跟他(她)在一起"来抹杀感情。他们都忘了,书卷气是一个人最好的气质,书香气是一个校园最好的氛围。同样的道理,有书香的父母才会养出有书香的子女和书香家庭。

200
你的孩子其实不是你的孩子

橙: 马院长,谁应该为孩子的成长负责?

马: 孩子的第一任老师是谁?

橙: 父母。

马: 孩子在家时间长,还是在学校时间长?陪伴孩子时间最长的是谁?

橙: 在家时间长,陪伴孩子时间最长的是父母。

马: 家对孩子意味着什么?

橙： 家是我们心灵的港湾和归宿，家是我们永远的守候。

马： 如果家已经不是家了，孩子的归宿是什么？

橙： 不知道。

马： 那你说对孩子负主要责任的应该是谁？

橙： 父母。

马： 父母是孩子的第一任老师，再好的名校，都比不上父母对孩子的教育。无论孩子在外面受到多大的伤害，只要家是温暖的，孩子就有疗伤的地方，就不会放弃自己。

橙： 为什么有些父母与孩子无法沟通？

马： 孩子和父母生活的世界不同，父母生活在一个一切为了生存、一切为了活着的环境中，而孩子生活在一个跨过生存这个问题之后的环境中，更多的是对精神的追求。其实就是孩子已经变了，老师和家长却没跟上。他们惯于站在成人的角度，以成人的、过去的、过时的、落后的思维和看法去判断孩子的问题。由于孩子生理、心理发育未完全成熟，看世界的角度与我们是截然不同的，所以就容易走极端，但他们自己不认为是极端。家长和老师要在尊重孩子独立人格的基础上与孩子沟通。

你的孩子其实不是你的孩子（节选）

纪伯伦

你可以给予他们的是你的爱，

却不是你的想法，因为他们有自己的思想。

你可以庇护的是他们的身体，却不是他们的灵魂，

因为他们的灵魂属于明天。